青春的张扬 岁月的考验

让自尊成为你的专属标签

主编 拾月
编著 冯雪

图书在版编目（C I P）数据

青春的张扬，岁月的考验：让自尊成为你的专属标签 / 冯雪编著. -- 北京：现代出版社，2014.7（2024.4重印）
ISBN 978-7-5143-2782-3

Ⅰ. ①青… Ⅱ. ①冯… Ⅲ. ①自尊－青少年读物
Ⅳ. ①B842.6-49

中国版本图书馆 CIP 数据核字(2014)第 163074 号

青春的张扬，岁月的考验：让自尊成为你的专属标签

主　　编　拾　月
编　　著　冯　雪
责任编辑　王敬一
内文制作　诚美天下文化传播有限公司
出版发行　现代出版社
地　　址　北京市安定门外安华里 504 号
邮　　编　100011
电　　话　（010）64267325
传　　真　（010）64245264
邮　　箱　xiandai@cnpitc.com.cn
网　　址　www.1980xd.com
印　　刷　唐山富达印务有限公司
开　　本　700mmx1000mm　1/16
印　　张　9
版　　次　2014 年 8 月第 1 版　2024 年 4 月第 4 次印刷
书　　号　ISBN 978-7-5143-2782-3
定　　价　57.00 元

前言

青少年是社会最宝贵的财富，是人类的希望和未来，正所谓“少年强则国强”。为此，大至一个国家、一个民族，小至一个家庭、一个家族，都特别重视青少年的教育问题。希望他们成为社会的中坚，家族的骄傲。一句话，就是希望他们成为成功的人。于国，能成为有用的人才；于家，能成为顶梁柱。不仅仅要学习好，还要有辨别人世间的善、恶、美、丑的能力。在每个人的人生中，除了需要自身的因素之外，还需要拥有感受世界的能力。

自立、自强，是绝不服输的勇往直前，是毫不妥协命运的坚决。

自尊、自爱，是顶天立地的脊梁，是不容侵犯的尊严。

自警、自谦，是内心深处的自省，是人生旅途中的字字箴言。

自乐、自勉，是快乐的源泉，是前行的无穷动力。

自信、自知，是对自我最准确的定位，是对自我感知最真实的反馈。

青春，是人最美好的一段时光，也是人格、性格定型的重要阶段，在这个时期，我们需要享受青春的快乐，同时也需要完成自我塑造。通过心理自助，最终从一个小男生、小女生逐渐成长为一个有着健全人格的人，成长为一个对社会、对家庭、对自我有着相对完整认知的人，成长为能够为自己的未来做主的人。这才是一个最充实、最有价值的青春。每个梦想都值得我们认真对待，每个青少年都是未来的希望。在青春中我们不仅要有欢乐，同时也要拥有未来！

本丛书是你化解烦恼的“心灵鸡汤”，可以给你快乐的心理自助；本丛书会让你认识到：掌控心理，方能掌控世界；改变自己，才能改变一切。本丛书还将告诉你：只有实现积极的心理自助，才能收获快乐而充实的青春。

目录

第一篇 自尊 吾辈之脊梁

第二篇 尊严 民族之灵魂

第三篇 铮铮铁骨 浴火重生

目录

第四篇 怀揣“尊严”勇闯人生路

第五篇 真挚友情 贵在尊重

勤劳

第一篇

自尊
吾辈之脊梁

尊严，是一个人最重要的品质，是一个人安身立命之根本。有人形容，尊严就好似是人的脊梁。我们可以没有金钱、没有权力、没有地位，但是我们不能没有尊严。即便是我们过着最平凡的生活，自尊都是我们灵魂中最不可少的重量。

尊严之于我

故事话题

这个故事发生在20世纪初期，美国南加州一个名叫沃尔逊的小镇上，突然来了一些逃难的流浪者，镇长杰克逊看到流浪者衣衫褴褛的样子，就带了很多食物给他们送过去。这些流浪者显然已经很多天没怎么吃东西了，看到镇长送来了食物，甚至连句感谢的话都来不及说，就立刻狼吞虎咽地吃了起来。

就在这个时候，有一个骨瘦如柴的年轻人突然站了出来，问道："先生，您给我们送来食物，请问您有什么活儿需要我来做吗？"

杰克逊有些奇怪，给流亡者送食物是每个善良的人都会做的事情，于是他回答道："年轻人，我没有什么活儿需要你做。你先吃东西吧。"

年轻人摇了摇头："先生，我不能随便吃您的东西，因为我没有劳动，所以不能平白得到食物。"

杰克逊恍然大悟道："我想起来了，我的确有些活儿需要你来做，不过，你先吃饭吧。"

年轻人斩钉截铁地说："不，先生，还是先让我工作吧。"

杰克逊镇长没有办法，就只好说道："这样吧，你能帮我捶捶背吗？"

这名年轻人立刻走到杰克逊身边，帮他捶背。几分钟过后，杰克逊就表示可以了。直到这时候，年轻人才接受食物，狼吞虎咽地吃了起来。

杰克逊非常欣赏这名年轻人，于是就将他留在自己的庄园里工作，没多久，他就成为庄园里最能干的工人。后来，杰克逊镇长将自己的女儿许配给了年轻人，在婚礼之前，杰克逊告诉自己的女儿："别看小伙子现在什么都没有，但是在将来他一定是个成功的人，因为他有尊严！"

二十多年之后，那名年轻人果然成为一名非常成功的商人，并且拥有让所有美国人都为之羡慕的财富。这个年轻人就是美国石油大王哈默。

故事解析

当问到究竟什么是尊严的时候，或许很多人都能够回答出，“富贵不能淫，贫贱不能移，威武不能屈”这样的标准答案。然而，在很多人心里，只有当别人“欺负”自己了，这才想起“尊严”的重要。但是真正的尊严，并非如此。

哈默在极度饥饿的情况下，仍然记得尊严的重要，如果在这个时候，他和其他流浪者一起吃食物，也不会有人觉得有任何不妥之处。可是，即便是在这种非常落魄的情况之下，哈默也决不放弃自己的尊严。

真正的尊严，就是即便我们身处困境，也不会降低自己的底线，唯有这样，才能对得起我们的尊严。

故事穿越

一个黑人男孩从小就长得又高又壮，他的母亲非常害怕他因此就会在学校里欺负其他同学，于是就教导他要与人为善，学会忍耐。小男孩听从母亲的教育，然而到了学期期末，老师却反馈说，小男孩虽然长得又高又壮，却总是遭到其他同学的欺负，应该让他学会维护自己的权益。

母亲得知之后，非常伤心，父亲就问他："被其他同学欺负，你心里作何感想?"

"我真想狠狠地揍他们一顿，但是我不能这样做，母亲一定会伤心的。"

父亲想了想，告诉他说："孩子，你不必揍他们，可以选择其他方式，让他们知道你不会在忍受他们欺负，比如争取自尊、树立自信等等。"

小男孩想了想，若有所思地点了点头。

有一天，男孩的老师让母亲去学校，母亲非常着急，以为是儿子和别的同学打架了。原来男孩和同学们正在打篮球，结果又被常常欺负他的几个学生戏弄了一番。结果男孩只好将其中两个最为过分的同学摁在篮球场

上，但是没有揍他们。后来那两个同学终于认识到原来男孩一直都是有能力还手，甚至是欺负他们，可是男孩却不会这样做。后来，男孩再也没有遭遇类似的恃强凌弱的事件。

这个小男孩就是日后驰骋在NBA赛场上的“飞人”——迈克·乔丹。

故事微语

自尊，并不是一味地忍让，更不是仗势欺人的一时风光。自尊，是对自我的正确认知，是对自己所处环境的正确评估。

在我们还处于弱势的时候，遭遇了不公平的待遇，又或者是遭到了不良势利的欺压，我们通过各种方法去捍卫自己的尊严；在我们处于优势的时候，面对需要帮助的人、需要关怀的人，我们是否能够做到平等对待，这不仅仅是在给予别人最基本的尊重，同时也在捍卫自己的尊严。

那么什么事真正的尊严呢？

所谓尊严，可以分为内在的尊严和外在的尊严——外在的尊严，取决于我们自身的实力和成就；而内在的尊严，则取决于对自身生命价值的肯定和认知，这和别人的评价无关。

有人认为，外界尊严比较重要，但是内在的尊严更为重要，以为内在尊严才是一个人尊严的起点和基础。一个人必须先要学会自尊，然后他才能具有真正的尊严。

心灵箴言

对人来说，最最重要的东西是尊严。

——[印度] 普列姆昌德

珍视思想的人，必然珍视自己的尊严。

——[苏联] 苏霍姆林斯基

根本不该为取悦别人而使自己失敬于人。

——[法] 卢梭

走自己的路

故事话题

小泽征尔是作为现如今世界上首屈一指的著名指挥家，他的音乐道路之所以如此成功，最根本就是在于他对自我的坚持。

有一次音乐指挥家大赛中，小泽征尔按照评委会给的乐谱指挥交响乐团演奏。但是整个乐章下来，有几个地方总是不够和谐，最开始，小泽征尔以为是乐团里有人出了错，可是几遍下来，每次都是在某些地方出现不和谐。

于是他停了下来，询问组委会乐谱是否完全正确。组委会立刻郑重声明，乐谱绝对不可能出错。这次比赛的组委会成员全部都是古典音乐圈内的权威人士，所以他们的郑重声明非常有分量。

小泽征尔想了想，又再指挥了一遍，可依然是在那几个地方出现了不和谐，于是小泽征尔非常肯定地说："不，一定是乐谱错了！"就在这个时候，组委会全体起立，给小泽征尔热烈的掌声。

原来，这就是本次比赛最后一个环节，乐谱就是错误的，组委会就是想要看看这些参加比赛的指挥家是否能够坚持自己的判断，而前两名参赛者就是因为盲从组委会权威而被淘汰。小泽征尔正是因为坚持自我、绝不盲从权威，才赢得了本次比赛的桂冠。

故事解析

坚持自我，是相信自己能力的一种体现，更是对自我价值的肯定。在我们成长的道路上，总会遇到各种不认同的声音，这些不认同有的是源自别人的建议，有的是来自不友善的反对。对于这些不同的声音，我们需要的不仅仅是虚心接受，更重要的是要有自己的主见。

对于一个青少年也好，对于一个成年人也罢，能够坚定自我是一件非常重要的事情，因为在很多问题上，正所谓智者见智，仁者见仁，对于一件事情尚且有不同的看法，所以我们要坚定自己的主见。就好比小泽征尔的表现——当所有权威人士都表示乐谱不可能出错的时候，很多人已经被这种“权威”所吓倒，甚至心理有不同意见也不敢再说出来了，但是小泽征尔却在这种时候做到了坚定自我。他之所以敢于这样挑战权威，首先是因为他自信，其次是因为他对音乐的执着。对于任何一件事情，只要我们认为自己是对的，那么就应该坚持自己的主张，哪怕是有人提出了反对意见，我们也应该用正确的理由去说服他。

坚定自己心中所想，并不仅仅针对一件事情，而是一种人生观、价值观和世界观的体现，当我们面对不同的声音，不要轻易去相信、不要盲从，而是要趋于理性的判断。让我们的心告诉自己，路在何方！

故事穿越

坚持自我，并不仅仅是坚持自我的认知，当我们面对不合理的待遇，更是应该坚持自己的信念。

曾经，在华盛顿郎方广场的地铁口处，有一个18岁的年轻人正在演奏小提琴，借此赚取一些钱财维持生计。很快就有执法者出现了，他要求年轻人立刻离开这了，可是小男孩继续演奏小提琴，沉浸在自己的音乐世界里，完全不在意执法者到底在说什么。执法者非常气愤，扬起右手就打了年轻人一个耳光。

音乐戛然而止，但是年轻人缓了缓神，再次拉起手中的小提琴。执法者也无可奈何，他恶狠狠地说道：“明天你必须离开，如果你还不走，我就继续打你耳光！”

第二天上午，年轻人又来到这个地铁口拉起了心爱的小提琴，执法者

也来了，他照样给年轻人一记耳光，但是这一次，年轻人手中的小提琴并没有停止……

就这样，这名年轻人在这个地铁口演奏了78天小提琴，也被执法者打了78个耳光。

两年后的一个春天，波士顿交响音乐厅上演了一场精彩绝伦的演奏会，演奏者正是那名被打了78个耳光的年轻人——小提琴演奏家乔舒亚·贝尔。

一个耳光可以让一个人郁郁寡欢、自暴自弃，但也可以让一个人醍醐灌顶，从而意气风发。关键并不在于耳光本身，而在于这78次的承受与坚持。

故事微语

坚持自我，似乎是一件不太容易做到的事情，尤其是在我们还处在成长阶段的这段时期里，更容易受到外界的影响。但这也是成长过程中必须经历的一课，属于尊严的一课。

坚持自己的信念、坚持自己的人生轨迹，依靠自己的努力去赢取人生的胜利和别人的尊重，就好像小提琴演奏家贝尔那样。在街头被执法者打耳光的确是一件很没有面子的事情，但是当他不为所动，持续演奏音乐，让路人都沉醉在音乐当中；当他站在世界性的舞台上，成为知名小提琴演奏家的时候，谁又能说当初他的坚持就一定是失去了做人的尊严呢？

有的时候，尊严就是一句非常坚定的“我相信自己”，尤其是在面对人生岔口的时候，谨慎对待、大胆选择、坚持自我，这本身就是一种尊严的体现。

心灵箴言

坚持意志伟大的事业需要始终不渝的精神。

——[法] 伏尔泰

一个人所能做的就是做出好榜样，要有勇气在风言风语的社会中坚定地高举伦理的信念。

——[美] 爱因斯坦

你既然期望辉煌伟大的一生，那么就应该从今天起，以毫不动摇的决心和坚定不移的信念，最可怕的敌人，就是没有坚强的信念。

——[法] 罗曼·罗兰

心底最渴望的需求

故事话题

每个人都希望能够有尊严地活着，这也是每个人内心深处最真实的需求。然而，在现实生活之中，能够给予别人这样的需求，或者是从别人那里收获到这种需求，这就是值得思考的问题。究竟什么是心底最渴望的需求，其实说起来非常简单——请给予任何人应有的、属于人的尊严。

曾经，有一个富翁，他准备在家里举办宴会，所以家里的帮佣都要工作到很晚的时间才能下班。其中有一个女佣的丈夫因病过世，只留下她和年仅四岁的儿子相依为命，富翁知道这个情况后，就告诉女佣可以把儿子带过来参加宴会。这名女佣很担心儿子知道自己只是一个帮佣，以后就会失去自己的尊严，就把儿子带到了别墅的洗手间，告诉他会在这里享用晚宴。小男孩从来都没有见过这样豪华的房间，于是非常幸福地在洗手间里吃着母亲送来的美食。

富翁无意间发现了这个秘密，这才知道，原来小男孩心里认定，洗手间是别墅里

最好的房间，是主人给他的特殊优待。于是他对所有宴会上的客人说，“对不起，今天我不能陪你们共进晚餐了，因为我要去陪一位特殊的客人。”于是，这位富翁拿着更多的美食和小男孩在洗手间里共同度过了一个美妙的夜晚，而其他客人也都假装洗手间就是别墅里最好的房间，没有人去戳破这个谎言。

后来这名小男孩长大了，并且成立了自己的公司，也有了自己的别墅，每年他都拿出一大笔钱来做慈善，但是他从来不让慈善机构告诉那些接受他帮助的人，究竟是谁帮了他们。有的朋友问他为什么要这样做，他想了想回答说：“因为在许多年前，有一位富翁和他的朋友们，小心翼翼地保护着一个四岁男孩的尊严。”

故事解析

一个失去了父亲、母亲是帮佣、家境贫寒的四岁小男孩，或许在这么小的男孩心里，并不清楚尊严究竟是什么，可是富翁却愿意用一个善意的谎言去构建一个属于尊严的王国。当这个小男孩长大之后，自然会知道这一天的经历，都是一个谎言，他也一定会知道自己的母亲不过就是一个女佣，但是通过这件事情，他会懂得尊严的重量。

在每个人的心里，都拥有这样一种需求，那就是要活得有尊严，不管这个人是富有还是贫穷，是成熟还是年幼，是健康还是残疾……尊严作为一种最基础的人性需要，并不能因为其他原因而改变。

当一个人能够正确理解尊严，那么他在内心里成全一个自己的世界，让自己在这片世界里得到片刻的宁静。在现如今这个喧嚣的现实中，内心的宁静对于一个健全人格的建设是非常重要的，尤其是对青少年而言。或许一次耐心的聆听、一句发自内心的安慰、一个细微的动作，都能够让别人满足到这种对尊严的需求。

故事穿越

有一天，一位上市公司的总裁突发奇想，跑去做公交车，但是因为太长时间没有乘坐交通工具，他似乎忘记了应该给“老幼病残孕”的乘客让座，碰巧让一位长得不太好看的女孩看到，她立刻拍了拍总裁的肩膀，让他起身给孕妇让座，但是因为语气不太好，这个总裁觉得自己非常没面子，

很快，这家上市公司又开始了新一轮的招聘工作，在招聘会上，总裁再一次碰到在公交车上让他没面子的女孩，于是他就故意刁难女孩。

刚开始，他在询问问题的时候，专门找了一些比较刁钻、晦涩的问题，但是女孩的功底非常好，对答如流。后来他终于提出了一个非常过分的要求：“你把

我们每个主考官的皮鞋都擦一遍，你就可以被录用了。”

女孩觉得这简直是奇耻大辱，但是没有办法，因为她长得非常普通，甚至可以说有一点丑，所以她面试了很多地方，都没有通过。现如今终于有了一个机会摆在自己眼前，只要她放下自尊，就可以拥有一个待遇、前景都非常不错的工作。只见她蹲下身子，给在坐的五位考官擦干净了皮鞋，然后站起身挑衅地看着总裁。在这种情况下，总裁只能宣布她被录用了。

就在这个时候，女孩对总裁不卑不亢地说：“尊敬的先生，刚才我给您和其他四位考官擦了五双皮鞋，请您付给我十元工钱。”总裁没有办法，只好照做。

后来，这个女孩在公司里的业绩非常突出，就连总裁本人都非常认可她的工作能力，时间长了，总裁也觉得自己当时太过小题大做。有一天，他终于忍不住问女孩：“当初我百般刁难你，你为什么还要来这里上班呢？”

女孩说：“我弯下腰，只是为了换一个可以昂起头的机会。”

故事微语

尊严之于我们，是至关重要的事情，或许在生活中，我们时常都会碰到一些让我们感到尊严被践踏的时候，这就是现实的残酷。可是如何来满足自己对尊严的需求呢？尊严并不是一种别人的给予，更多的还是需要依靠自己去赢取别人的尊重。

在我们感受到自尊心受挫的时候，不妨学学故事中这名女生，努力调整自己的状态，通过自己的能力赢取别人对自己的尊重。遥想当年，韩信忍受胯下之辱，勾践卧薪尝胆，都是通过自身努力最终赢回了尊严的最佳事例。

所以，一时之辱无法改变我们的心理建设，更不能让我们一生都无法抬起头来，努力做个昂首阔步的人，才能让我们获得真正的尊严。

心灵箴言

谁自重，谁就会得到尊重。

——[法] 巴尔扎克

既不要忘自菲薄，又不盲目自夸。

——茅盾

人应尊敬他自己，并应自视能配得上最高尚的东西。

——[德] 黑格尔

无论是别人在跟前或者自己独处的时候，都不要有一点儿卑劣的事情，最要紧的是自尊。

——[古希腊] 毕达哥拉斯

那些年陪我成长的人和事

故事话题

在我们的成长过程中，我们总是能够见到一些受益匪浅的人和事，正是因为有了这些陪我们成长的人和事，才构成了我们人生的成长轨迹。

著名翻译家林少华先生曾经分享过这样一个让他感想颇多的故事：一个日籍女老师在上课的时候迟到了五分钟，等她赶到教室的时候，看到所有的学生都坐在课堂上安静地等待这老师，她立刻跨上讲台，扑通一声就跪倒在地。

学生们都被眼前的场景吓了一跳，只见女老师非常诚恳地说："实在对不起，我迟到了，非常非常抱歉，恳请大家原谅我。"

林少华先生听到这个事情的时候，非常震惊，但是他却通过这件事情感悟到很多，在中国人的思维里，"跪"是一个耻辱的事情，即便是老师上课迟到，最多也就是轻描淡写地道歉，可是这名日籍女教师却用下跪给同学们致歉，这并非是一场"秀"，而是作为一名老师对学生们的歉意。尽管这名女教师对着学生跪下了，丢弃的是一时的面子，但是她赢回的是属于教师的尊严，因为她懂得尊重自己的学生。

故事解析

这次"下跪"事件，让很多人都认识到什么叫作真正的尊严。这并不是一个普遍事件，但是对于当时在课堂上的学生而言，对于听说此事的林少华先生而言，这件事情对他们的触动却非比寻常——究竟什么才是真正的尊严？这名老师用自己的面子换来的并不仅仅是她一个人的尊严，更是属于教师这个职业的尊严！

尊严，并不仅仅是针对一个人而言，更是一个集体、一种职业、一个民族的根基，这名日籍女教师用自己的行动捍卫着教师这个行业的尊严。尽管"迟到"这件事情在其他老师眼中看来，似乎并不是什么真正的大

事，但是对于一个职业的尊严来说，这绝对是一件大事。她通过自己的行动告诉在场所有的学生，维护尊严不仅仅存在于那些表面上，更重要的应该是在每个人的心里。

通过这次“下跪”事件，同样是教师的林少华先生体会到什么叫作教师的尊严，而在场的学生们也上了一堂职业尊严的必修课。

故事穿越

每个人的成长轨迹都是独一无二、不可复制的，尽管在这个过程中，我们一定会遇到各种各样的困难和坎坷，甚至是发生过让我们感觉尊严被挑战的事情，但是这些正是每个人成长轨迹中不可或缺的、非常重要的一部分。

“童话大王”郑渊洁现如今家喻户晓，由他创作出来的皮皮鲁、鲁西西、舒克和贝塔已经伴随一代又一代儿童成长，但是在郑渊洁的人生轨迹中，写作的成功是因为一次备受侮辱的事件促成的。

郑渊洁并没有什么所谓的高学历，甚至连小学都是肄业，在写作之前，他的工作是在工厂里看水泵，但是他却想要开始写给孩子们看的报刊杂志。

1986 年，他参加了儿童文学作家的一次会议，当时一名大学教授对郑渊洁充满了鄙夷，甚至指桑骂槐道：“这里竟然有人不知天高地厚，一个人写一本月刊，如果这份月刊能够坚持两年，我的名字倒过来写。”

郑渊洁听到这句话，内心十分生气，尽管这名教授并没有直接点名道姓地辱骂他，但是在场所有的作者都知道，这句话所指的人是谁。但是，郑渊洁并没有还嘴，而是将这股愤怒用在了写作上。自从那时候开始，郑渊洁坚持一个人撰写月刊《童话大王》，并且签订了 30 年的合作期。

回首自己大半生的风风雨雨，郑渊洁也表示，这三十多年来，我只写童话，到最后终于发现，专注做好一件个人最喜欢的事，那么，我们收获的绝不是一棵树，而是整座森林。正所谓“条条道路通罗马”，只要坚持你的梦想，持续为之努力，你就一定可以获得成功，而那些嘲笑和挫折，只是成长轨迹中必不可少的一部分，更是一种人生财富。

童话
童话

故事微语

我们总会遇到一些并不想要遇见的人和事，或者在我们的成长轨迹中，总会出现我们并不喜欢的风景，或者是不愿意攀爬的山峰。但是，正视自己的成长轨迹，本身就是对自己、对生命的一种尊重，更是自尊的体现。

有人说过，要感谢那些曾经直言批评你的人，要感谢曾经嘲笑你的人，因为他们给了你无限的动力。我们常常会因为自己的出身、自己的家庭，又或者是自己的身材、样貌而感到自卑，认为自己在漂亮的、富有的朋友面前没有面子可言，甚至为此怨恨自己的家庭、自己的父母。

然而，当我们学会正视这一切，坦然接受人生的种种安排，即便是有人嘲笑，那么你仍然没有失去你的尊严，更没有伤害你的自尊心。因为你更加懂得了生命的尊严，人性的尊严。

心灵箴言

天生我材必有用，千金散尽还复来。

——李白

海到无边天作岸，山登绝顶我为峰。

——林则徐

对付贫穷要有勇气，忍受嘲笑要有勇气，正视自己营垒里的敌对者也要有勇气。

——[英] 罗素

做最真实的自己

故事话题

2005年中央电视台的春节联欢晚会上，一个歌舞类节目吸引了全国人民的关注，一夜之间成为焦点，这个节目叫作《千手观音》，参加表演的女孩子全部来自残疾人艺术团，她们中间大部分都是聋哑人，但是在优美的音乐和舞美中，却为世人展现了一个精彩绝伦的节目。

残疾人艺术团为了排练这个舞蹈，在演出现场的四角，安排了4位艺术团的手语老师，通过手语指挥聋哑舞蹈者跟随音乐的节拍做出相应的动作。其中领舞邰丽华是整部舞蹈的灵魂，她曾经因为舞蹈《雀之灵》赢得过舞蹈大奖，而她本人的故事则更让人感动。

邰丽华尚在襁褓的时候就因为疾病失去了听力，所以她一直生活在无声的世界里。起初，她并没有觉得自己和其他小孩有什么不同，直到在她5岁那一年，幼儿园的小朋友们玩“听声辨位”的游戏，她这才认识到自己的身体缺陷。

在那段时间里，年幼的邰丽华第一次感受到了自卑，原本开朗乐观的小姑娘开始变得不愿意说话，不愿意和外人接触。很快，她就到了上学的年龄。在聋哑小学里，邰丽华原来这个世界上并不是只有她一个生活在无声的世界里，她还有这么多小伙伴们，再加上学校老师的关怀，她又逐渐开朗起来。

学校里有一门特殊的课程叫作律动课，主要就是要让聋哑学生也能够感受到声音究竟是什么，主要方式就是老师踏响地板上的象脚鼓，让同学们去感受通过象脚鼓传递到的震动，而邰丽华第一次触碰到这些的时候，

立刻就被震动了。她说那是一种从未有过的幸福感，她甚至趴在地板上，用整个身体去感受这个最美妙的“声音”。

在她 15 岁的时候，她开始接受正规的舞蹈训练，聋哑人学习舞蹈，这让邰丽华身边的亲人和朋友都感到非常不解，但是在父母和老师的鼓励下，她的进步非常快。由于听不到音乐，她只能依靠教练的手势和自己的感觉去感受这种“无声的音乐”，可是尽管如此，她依然觉得非常幸福。

在《千手观音》大获成功之后，邰丽华曾经说过这样一段话：“现在的舞蹈全部都是正常人的舞蹈，我最希望能够创造出属于残疾人自己的舞蹈形式，这种舞蹈，要让盲人可以‘看’，让聋哑人可以‘听’，让肢体残疾的人可以‘演’，要让所有残疾人可以共享舞蹈艺术的完美境界。”

故事解析

每个人都有自己的缺点——身材较胖、肤色过黑、身材矮小等等，甚至会有一些人面对的是自己身体上的残缺，但是这并不能成为我们逃避命运的借口，当我们敢于直面自己的缺点，那么我们才能成为生活中的巨人。在生活里，我们常常会很努力地逃避自己的缺点，甚至会因为不肯面对，不允许别人提到，一旦有人提到了，就认为是自尊心受损。

但实际上，只有当你真正肯去面对这个缺点，这才是真正的尊严。

邰丽华作为一名聋哑人，却能够在音乐中得到一名舞蹈家的尊严，这就是一份正能量。在生活中，我们需要面对的缺点无非都是心里的“爱美之心”在作祟，会因为太过在意外界的眼光而变得自卑。但是，每个人都是独一无二的，每个人的价值也绝非是体现在别人的目光里，所以相信自己，做最真实的自己，这才是真正的尊严。

故事穿越

好莱坞经典影片《阿甘正传》讲述了这样一个故事：

阿甘和其他孩子不一样，他是一个智商只有75的低能儿，尽管他的智商非常低，但是他的母亲却一直教育他，他和别的小朋友没有任何不同，他也是个正常人，即便是母亲离异之后，也尽全力给阿甘最好的生活，让他充分认知这个社会。原本像阿甘这样的孩子，一般都是进入特殊学校去学习，但是他的妈妈却执意将他送入普通的公立学校。为此，她和校长发生了激烈的争执。

当阿甘成为公立学校里的一名学生之后，他自然就要学习面对同学们的嘲讽、孤立，但是他的妈妈却一直都在鼓励他，不要觉得自己比别人低一等，他也是个正常人。然而，学校里的同学们有时候会欺负阿甘，为了躲避，阿甘开始了奔跑。就这样，他凭借着奔跑的能力，一路跑进大学，也跑出了他的一生。

尽管这只是虚构的故事，但是阿甘的精神却影响了全世界。阿甘的母亲坚持让阿甘进入公立学校，这本身就是在逼迫自己的儿子，必须去面对自己的缺点，如何做最真实的自己。尽管阿甘是一名低能儿，但是他同样拥有情感的认知，以及属于他的尊严。母亲并不仅仅要让阿甘学到知识，更重要的是要让他明白这个社会，明白如何主动维护自己的尊严。

相比较而言，学习知识和学会维护尊严是同等重要的事情，这也正是《阿甘正传》传递出来的精神。

故事微语

做最真实的自己，后面还有一句更重要的话，那就是不管别人是否认可你，但是你一定要认可自己。正如同那句话所讲，世界上没有两片相同的叶子，更不可能有两个相同的人。每个人在世，都有他存在的价值，不管我们自身有怎样的缺点，哪怕是身体的残缺，都不能改变我们的自身价值，更不可能因此就丧失掉所有尊严。

在这个世界上，有太多的残疾者通过自身努力，克服了身体上的缺陷——张海迪高位瘫痪仍然坚持写作、翻译；海伦·凯勒在失去了视力和听力之后，写出了著名篇章《假如给我三天光明》；史铁生坐在轮椅上仍然不忘创作，他和地坛已经融为一体；霍金更是在高位瘫痪之后，写出了《时间简史》这样的经典之作；贝多芬在双耳失聪之后，仍然没有放弃他的钢琴之路，最终成为钢琴大师……

是的，几乎每个人都会有各种各样的缺点，无论这个缺点是在我们的身体上，还是在我们的精神里，然而，我们不能因此而逃避，或者是因为这些缺点给心理太大的压力。作为生活中的强者，作为一个有尊严的人，我们必须学会如何去面对这些缺点——依靠持之以恒的精神，彻底改掉自身缺点，如果这种缺点是无法改正的，那么就学会直视它。

心灵箴言

人有八疵，事有四患，不可不察也。

——庄子

过也，人皆见之；更也，人皆仰之。

——孔子

忘了自己的缺点，就产生骄傲自满。

——[古希腊] 德谟克利特

只有那些懂得控制自己的缺点，而不让这些缺点控制自己的人，才是强者。

——[法] 巴尔扎克

第二篇

尊严 民族之灵魂

尊严，是一个民族的脊梁，是一个民族团结的凝聚力，更是一个民族传承的精髓。中华民族有着数千年悠久的历史，这不仅仅是一段历史，更是一个民族的赞歌。任何一个能够传承下去的民族，必然有着属于这个民族自身的尊严和精神，这也正是一个民族的灵魂所在。

好一曲民族之魂

故事话题

一首《过零丁洋》，让那句“人生自古谁无死，留取丹心照汗青”成为了千古名句，更让文天祥的精神流传千古。

作为南宋的一名文官，在面对蒙古铁骑的威胁下，文天祥毅然决然地拿起了武器，走上了战场。当南宋的军队节节败退，溃不成军的时候，文天祥依然不放弃反对异族侵略，他拿出自己的全部 3 万两白银在家乡招募义军，抗元救国。对于他的这种行径，周围的人都无法理解，就问他说：“蒙古兵力那么多，你就这么点人，怎么能够抵挡得住呢？”文天祥却说：“国家有难而无人解救，是我最心疼的事。虽然我的能力有限，也要为国尽力！”

在文天祥被蒙古俘虏之后，蒙古大将军张弘范非常敬重文天祥的为人，但更想将他收为己用，不停地劝他投降，但是文天祥却不为所动。无论是高官厚禄，还是生命安危，都无法打动文天祥的决心。

张弘范以为文天祥是在意自己的名誉，就对他说，历史永远都是战胜者来书写，南宋已经灭亡，你的忠心耿耿也算是仁至义尽，你投靠了元朝，也不过是识时务者。文天祥非常气愤地说：“国亡不能救，作为臣子，死有余罪，怎能再怀二心？”

眼看着文天祥态度坚决，元朝统治者对他毫无办法。最终文天祥为了民族尊严，为了自己作为南宋臣子的尊严，从容就义。

故事解析

中华民族在漫长的历史中，经历了太多的苦难，异族侵略、帝国主义列强的掠夺，都没有让这个民族低下它高贵的头颅，这不仅仅是属于一个民族的尊严，更是属于那些为了这个民族放弃生命的忠义之士的尊严。

在中华民族的传承中，民族尊严是必不可少的一课。在这漫长而又悠久的历史中，有太多仁人志士以国事为己任，为了心中的信念前赴后继、宁死不屈。尊严，并不仅仅是某一个人的，当民族面临着危机，整个民族的尊严就显得尤为重要。

一个民族的尊严，是这个民族的脊梁和灵魂，更是这个民族战胜种种困难最根本的办法，也是这个民族最坚固的堡垒。在很多时候，民族尊严更能够激起民众的凝聚力。对于那些身在国外的游子而言，民族尊严就等同于是自己的尊严。

故事穿越

现代著名画家徐悲鸿与张书旗、柳子谷三人被称为画坛的“金陵三杰”，他所创作的《八骏图》享名于世。他的家境贫寒，他的父亲为了给他交学费，常常会出去借债，遭受了不少奚落，看到这样的情况，徐悲鸿非常感慨，犹如鸿雁哀鸣，“悲鸿”之名由此而来。

徐悲鸿作为一名爱国画家，无论在什么时候，他始终都是将国家声誉放在首位，这或许是和他年轻时候在欧洲留学的经历有关。那个时候，恰好是清朝刚刚灭亡没有多久，中国刚刚经历了八国联军的掠夺，欧洲很多国家的洋人根本就看不起中国人。

有一天，徐悲鸿碰到了一个洋人的挑衅，那个洋人非常傲慢地说道：“中国人愚昧无知，本来就是当亡国奴的料，即便是送到了天堂，想要成才也是痴人说梦。”

听到洋人说这样的话，徐悲鸿非常气愤，但是他知道，光是生气根本就无法改变现状，于是他向洋人发出了挑战。他们双方约定，由徐悲鸿代表中国，洋人代表他的国家，等到学习结业的时候，看看谁的成绩好，究竟谁是天才，谁是庸才。洋人一听，立刻就觉得胜券在握，就答应了这个比试。

为了民族的尊严，徐悲鸿更加努力学习，他决不允许有人如此看轻中

国，更不允许有人直接侮辱中国。到了学期末，徐悲鸿的油画得到了众多艺术家的好评，而他的个人画展更是轰动了整个法国的美术界。

故事微语

一个民族，可以贫穷，可以落后，但是却不能没有尊严。中华民族曾经经历了太多的磨难，但是在整个民族遭受到强敌入侵的时候，这个民族却从未放弃过自己的尊严。正是这种永不妥协的精神，让中华民族抵抗着一次又一次外敌入侵。

民族尊严，是一个民族永不屈服的铮铮铁骨，是一个民族屹立不倒的脊梁，是一个民族走向繁荣的基石，是一个民族最不允许践踏的底线。民族尊严是和每个人都息息相关的，古有“为了中华民族崛起而读书”，那么现如今就有“为了民族复兴而兴起的中国梦”。

在 2013 年，“中国梦”成为一个网络用语，它不仅仅是某一个人、某一个企业的口号，更是一个民族的尊严。

心灵箴言

一个民族绝不会永久接受征服者的统治。

——[爱尔兰] 埃德蒙·伯克

尊严是文明，但又像一层贴在脸上的东西一样容易脱落。

——陈家琪

每个人应该遵守生之法则，把个人的命运联系在民族的命运上，将个人的生存放在群体的生存里。

——巴金

为着阶级和民族的解放，为着党的事业的成功，我毫不稀罕那华丽的大厦，却宁愿居住在卑陋的茅棚；不稀罕美味的西餐大菜，宁愿吞嚼磁扣的苞粟和菜根；不稀罕柔软的钢丝床，宁愿睡在猪栏狗巢似的住所。

——方志敏

命运不仅仅是一个人

故事话题

“三十功名尘与土，八千里路云和月。莫等闲、白了少年头，空悲切……”一首《满江红》，让众人都感受到岳飞的满腔悲愤和不能完成北伐的遗憾。

经历了“靖康之耻”之后，宋高宗赵构迫于压力，任命岳飞守护北方边界。岳飞痛恨金国，更痛恨金军在宋朝边界做出的种种恶行，他在心中暗中发誓，一定要夺回“燕云十六州”、迎回被金人掳走的北宋二帝。

为此，他带领岳家军在战场上“冻杀不拆屋，饿杀不打掳”，一时之间让金军闻风丧胆，甚至流传着“撼山易，撼岳家军难”的语句。然而，就在岳飞驰骋疆场的时候，宋高宗赵构却因为主张讲和，而下令让岳飞班师回朝。

眼看着眼下的胜利，岳飞并不愿意，于是就上奏折表示，现在金军已经非常疲惫，正是我们进攻的大好时间。可是在一天之内，岳飞就收到了十二道金牌。岳飞仰天长叹：“十年之力，废于一旦！”最后，岳飞被宋高宗以“莫须有”的罪名赐死。

故事解析

岳飞的“千古奇冤”让所有人都感到惋惜，但是却对岳飞的人格产生了由衷的敬佩。尽管最终岳飞并没有夺回燕云十六州，但是岳飞在民族尊严被践踏的时候，却挺身而出，以一己之力力挽狂澜。这是一曲不朽的尊严赞歌。

岳飞和他的岳家军自始至终都坚持着崇高的民族气节，坚持为了正义而抗金的事业，在很长一段时间里，金军无法在宋金边界出欺压百姓，让金军知道宋朝不弱。

正所谓“靖康耻，犹未雪；臣子憾，何时灭。”宋高宗的退让，使得一个宋朝失去了最好的收复失地的机会，让一个忠勇义士含恨而终。但是民族尊严这面大旗却没有因为岳飞的故去而倒下，反而树立在每一个炎黄子孙的心中。

故事穿越

公元 1449 年，明英宗朱祁镇因为听信宦官王振的鼓吹，轻率地御驾亲征。由于准备不足且军粮短缺、军心涣散，整只队伍刚刚走到土木堡的时候，就被瓦剌军队歼灭，明英宗也成为了俘虏。

皇帝被俘虏，对于任何一个朝廷而言，都是非常致命的打击，更可怕的是，瓦剌大军直逼京师。收到这个消息之后，整个明朝的朝廷都被震惊了，有很多大臣都建议效仿宋朝，迁都到陪都南京去。就在这个时候，于谦站了出来，他坚持绝对不能迁都。明朝的祖训是："不割地、不赔款、不纳贡、不和亲，天子守国门，君主死社稷！"这并不仅仅是明太祖朱元璋定下来的规矩，更是属于整个明朝的尊严。

后来，于谦请命，让郕王登基为明代宗，而他亲自率领军队镇守京城，毫不夸张地说，在当时，朝廷上下都倚重于谦，而于谦毅然决然地以社稷安危为己任。

在这个紧要关头，于谦凭借着自己的满腔情怀，挑起了整个华夏民族的脊梁，在危急关头，时刻不忘记民族尊严，更不会忘记自己的使命，化解了这场危机。

故事微语

当民族尊严受到践踏的时候，很多忠义之士都会拿起手中的武器，为了捍卫民族尊严而战，哪怕是抛头颅、洒热血，甚至是牺牲了自己的生命也在所不惜。这样的民族气节正是我们一代又一代传承下去的可贵精神，也是中华民族在众多次挫折和磨难面前屹立不倒的真正原因。

民族尊严，一直是中华民族历史传承的精髓所在，也是中华民族的道德底线。现如今，国家和国家之间的文化交流日益增多，但是在面对外来文化的同时，也应该要保持对本族文化的传承，而非是一味地认为"外来的和尚会念经"，这也是一种民族尊严。

心灵箴言

要使民族自立于世界之林，就要自己看得起自己。

——吉鸿昌

一个民族的年青一代人要是没有青春，那就是这个民族的大不幸。

——[俄] 赫尔岑

缺乏进取精神的民族意味着堕落。唯有开拓和竞争，才能立于不败之地。

——[英] 怀特海

平凡人的不平凡之路

故事话题

有一个叫作曲小雪的自费留美学生，在朋友的介绍下，她到一个美国老太太的家里打工。可是这个美国老太太内心非常鄙视中国人，她对曲小雪的态度非常不好，甚至故意将剩饭拿给曲小雪吃。曲小雪无法忍受这种待遇，就提出要出去吃快餐。但是，当美国老太太看到曲小雪拿着从快餐店里买回来的炸鸡腿，她一下子就抢过来，扔到了垃圾堆里。曲小雪非常生气，就和美国老太太争执起来。

经过这次冲突之后，曲小雪认为自己无法忍受美国老太太的目中无人，就决定辞职。可是没想到的是，在辞工的时候却遭到了老太太的儿子爱德华的肆意谩骂和殴打，他甚至一遍咒骂她，一遍侮辱中国人。后来，一位富有同情心的医生为她免费治疗，发现她的髌软骨永久性挫伤、脊椎骨错位弯曲和严重脑震荡。看到这样的诊断书，曲小雪决定不再沉默下去，而是用法律来伸张正义。

但是官司并不是这么容易打的，爱德华是个银行家，而曲小雪则是一个穷学生，还是一个身在异乡的中国人。很多律师都劝她，放弃这种不切实际的幻想吧，甚至还有多方势力对她施压。曲小雪却表示，自己绝不屈服，爱德华伤害的不仅仅是她的身体，更是她的人格，以及中国人的民族自尊。

这场看似无望的官司持续了四年的时间，在法庭上，曲小雪不卑不亢、据理力争，最终赢得官司的胜利——爱德华必须在法庭上向曲小雪公开致歉，并且要赔偿 5250 美元。但是当律师将支票递交给曲小雪的时候，她却将支票一点点地撕碎，大声说道：“这场官司，声讨的并非是这张支票，而是为了讨回我作为一个中国人的尊严！”

故事解析

在我们都认为的平凡生活里，或许有些人会认为，民族尊严是一件非常遥远的事情，但实际上，在快节奏的当下，民族尊严仍然在每个人身边。随着东西方文化的交流日益增多，现如今在中国的外国人多了起来，走出国门的中国人也越来越多，在这种情况之下，任何一点细微的举动，或者是人际交往上的待人接物，也能够体现出民族尊严。

正如同曲小雪的遭遇一样，她不过就是一名非常普通的留学生，却在美国遭受到不公平的待遇，全因她是中国人，就被美国老太太认定是劣等人群。在这种情况之下，她的个人尊严就和民族尊严结合到了一起，她运用法律手段捍卫的不仅仅是她一个人的尊严，更重要的还包括中华民族的民族尊严。

故事穿越

在网上流传这一个“不跪青年”的事迹。那是发生在 1995 年的某一天，一个工厂流水线上的员工遭遇了一次不公平的待遇。工人在上流水线的工作时间非常长，工作量很大，常常是晚上加班到很晚。这一天，工人们继续在流水线上工作着，好不容易等到了十几分钟的休息时间，其中有一些人就睡着了。恰好这一幕被前来视察车间的外国女老板看到了，她非常生气，就将这些工人都拉到门口站好，大声骂道：“工人都必须跪下!”

有的人还睡得迷迷瞪瞪的，甚至不知道发生了什么事情，就这样跪了下去。可是在人群中，只有一个人一直站着，用愤怒的眼神看着外国女老

板。女老板看到有人没有跪下，就问他：“你为什么不跪?”

那个男人微微扬起头说：“我是不会给你跪下的!”

女老板指了指他胸口上的胸卡，“不跪就开除你。”

男孩直接从脖子上拽下胸卡，斩钉截铁地说：“开除也不跪，我是中国人!”

后来，这个男孩在市劳动监察大队投诉了这个事情，让外国女老板得到了应有的惩罚。这个男孩叫作孙天帅，被网友称之为“不跪男孩”。

故事微语

随着中国经济的发展，吸引了很多外企在国内办厂、开公司，其中有一些主管就是外国人。在他们面前，很多中国员工的行为举止，同样代表着中华民族的民族尊严。在这个时刻，中国员工的尊严就等同于民族尊严，当我们出色地完成了工作，不仅仅能够收获到和付出相匹配的薪水，更重要的是，在外国老板的心里就会留下中国人非常有能力的印象，反之不然。

的确，我们不能否认的是，在一些外国人眼中，中国依然是非常落后的，就比如曾经多次在韩国电视剧里出现过鄙视华夏民族的词汇。那么，真正的民族尊严是什么？并非是一味地抨击、谩骂就是捍卫尊严的方法。当国际性赛事举办的时候，中华民族的儿女在赛场上奋力拼搏，展现出真正的实力；在国力决定地位的现今，努力发展本国经济，促进内需，让中华民族实现真正的腾飞……

具体到每一个普通人来说，做好自己的工作、过好自己的生活，努力提高自身素质和修养，当我们民族的每一位炎黄子孙都能做到这些的时候，自然也就捍卫了民族尊严，同时也捍卫了我们每个人的自尊心。

心灵箴言

爱祖国高于一切。

——[波兰] 肖邦

为祖国而死，那是最美的命运啊！

——[法] 大仲马

人类最高的道德是什么？那就是爱国之心。

——[法] 拿破仑

谁不属于自己的祖国，那么他也就不属于人类。

——[俄] 别林斯基

宁可站着死绝不跪着生

故事话题

曾经有这样一个故事，激励着一代又一代的年轻人：有一个女战士，名叫赵一曼，原名李坤泰。在反满抗日的战争中，她牺牲了自己的生命，只为了维护自己心中的信仰和民族尊严。

在和日军作战的过程中，赵一曼为了掩护部队撤离腿部负伤而被俘虏。为了能够得到有价值的情报，日军先是用各种诱惑，企图动摇赵一曼的信念，但是赵一曼不为所动。日军又转换方法，对赵一曼动用酷刑——用马鞭沾着盐水抽打她腿部受伤的伤口，即便赵一曼因为疼痛而晕厥过去，她都没有松口。

遭受这番酷刑之后，赵一曼的伤势愈加严重，生命垂危。日军猜测这个女人一定是抗日联军中的军官，一定知道很重要的情报，于是他们就将赵一曼同志送到了医院进行监视治疗。在医院里，赵一曼抓住机会努力想看守她的警察董宪勋与女护士韩勇义传递爱国主义的思想、坚定他们不做亡国奴的信念。在董宪勋和韩勇义帮助下，赵一曼逃离了医院。

但是不幸的是，赵一曼很快在另一次的行动中，再次落入敌人的魔爪。这一次，日军更加疯狂地对她实施酷刑——电刑、竹签扎手、灌辣椒水……但是赵一曼只说了一句："我的目的，我的主义，我的信念，就是反满抗日。"除此之外，她不再发出任何声音，即便是面对酷刑，赵一曼宁可咬烂自己的嘴唇，也绝不发出痛苦的呻吟。

1936 年 8 月 1 日，赵一曼在珠河县（今黑龙江省尚志县）小北门外英勇就义，年仅 31 岁。在临行前的那个晚上，赵一曼写下了给儿子的遗书："母亲对于你没有能尽到教育的责任，实在是遗憾的事情。母亲因为坚决地做了反满抗日的斗争，今天已经到了牺牲的前夕了。希望你，宁儿啊，赶快成人，来安慰你地下的母亲！在你长大成人之后，希望不要忘记你的母亲是为国而牺牲的。"

当赵一曼英勇就义之后，陈毅同志评价赵一曼道："生为人民干部，死为革命英雄。临敌大节不辱，永记人民心中。"

故事解析

赵一曼的事迹，经过文字、影视等传播，影响着一代又一代华夏儿女，这并不是她一个人的故事，也绝对不是几个人的事迹。当中国遭受到帝国主义列强的侵略，每一个有尊严的中国人都选择拿起手中的武器，捍卫着民族尊严。在民族大义面前，即便是献出了自己的生命，也在所不惜。

在那个战火纷飞的年代，无数的民族英雄，为了心中的信仰，为了不做亡国奴，他们浴血奋战，抛头颅洒热血，宁死不屈。

英雄赵一曼，是革命先烈中的一员，她用英勇就义的方式向敌人证明了自己的决心，也证明了，每一个华夏儿女为了民族尊严敢于牺牲的精神。

故事穿越

当中华民族到了危亡的时刻，有太多民族英雄，为了捍卫民族尊严而牺牲了自己。清朝的闭关锁国让整个民族都处于落后的处境，尽管清王朝的统治者封建腐朽，但是在整个民族之中，仍然有太多的民族英雄涌现出来，比如邓世昌。

邓世昌自从福州船政学堂毕业之后，就一直在北洋下属任职，后来北洋海军正式组建，正是长就升至中军中营副将。然而，在1894年9月，黄海大东沟海战爆发，邓世昌奉命指挥“致远”舰奋勇阻敌。无奈的是，日舰火力凶猛，在它的围攻下，“致远”舰船体多处燃起大火，船体倾斜，眼看就要失去了战局。邓世昌振臂高呼：“吾辈从军卫国，早置生死于度外，今日之事，有死而已！”意思就是表示，为了捍卫民族尊严，我们早就做好了牺牲的准备，今天就到了我们该牺牲的时候了。全体士兵听到这样的话之后，立刻表示做好了为国牺牲的准备。看到这一张张年轻的脸庞，邓世昌悲愤地命令道：“倭寇舰船横行在大清王朝的海域上，我们拼劲最后一丝希望，和他们同归于尽，让倭寇也知

道我们大清王朝的气节。”

在邓世昌的命令下，“致远”舰发动全力，向日本主力舰“吉野”号快速出击，准备和敌人同归于尽。“吉野”号的官兵一看到这个局面，都大惊失色，立刻集中炮火向“致远”舰射击。不幸的是，炮弹击中了“致远”舰，邓世昌和几百官兵坠入海中，下属想要给邓世昌穿上救生衣，邓世昌却拒绝了，他的爱犬咬住主人的衣袖，邓世昌含泪将自己的爱犬溺死在海中，随后自己也沉没在波涛汹涌的大海之中。

故事微语

人固有一死，或轻如鸿毛，或重如泰山。在中国悠久的历史中，有太多人为了捍卫民族尊严，宁可牺牲掉自己的生命，也绝不向敌人妥协，更不肯出卖民族尊严。正是因为这样的忠义之士，成为历史长河中不朽的篇章。

捍卫民族尊严，是每一个华夏儿女的责任，尤其是当我们面对强敌的时候，正如同前贤所说，天下兴亡，匹夫有责。

心灵箴言

当须徇忠义，身死报国恩。

——李希仲

我们爱我们的民族，这是我们自信心的源泉。

——周恩来

中国的文人，历来重气节。一个画家如果不爱民族，不爱祖国，就是丧失民族气节。画的价值，重在人格。人格——爱国第一。

——李苦禅

我有我的人格、良心，不是钱能买的，我的音乐，要献给祖国，先给劳动人民大众，为挽救民族危机服务。

——冼星海

绽放绚丽之花

故事话题

1998 年，对于中华民族的全体华夏儿女，都是非常难忘的一个夏天，在那一年，中国正经历着洪水的考验，而在无情的洪水面前，整个中国却上演这一场感天动地、自强不息的一幕幕。魏巍曾经写下《谁是最可爱的人》，在 1998 年的那个夏天，再一次验证，解放军是世界上最可爱的人。

面对洪水，年轻的战士李向群主动报名参加抢险突击队，先后 4 次晕倒在大堤上，在医院经过抢救后醒了过来，但是李向群却惦记着抗灾的工作，他拔掉还在输液的针管继续战斗，最终因为过度劳累而壮烈牺牲。这位年仅二十岁的解放军，用自己的生命书写了一曲赞歌。

解放军们在抗灾前线与洪水做着输死拼搏，但是洪水和灾情牵动着每一个华夏儿女的心。一方有难，八方支援，全国人民掀起了赈灾义捐的活动，各个企业、集团，包括文体明星、社会名人，纷纷捐款，而民众则是有钱出钱、有力出力……

而在 2008 年 5 月 12 日，四川汶川发生了罕见的大地震，全国人民在那一天，全部都是四川人，全部都是汶川人。大家争先恐后地捐钱、捐物，甚至有很多民间志愿者第一时间赶到汶川，参与救援活动，也有很多企业的员工，代表同事和家人，亲自将赈灾物资送往灾情最严重的地方，送给那些需要物资的“兄弟姐妹”。

在那一刻，在无情的天灾面前，民族凝聚力让整个炎黄子孙成为一家人，上演了很多感人的故事。

故事解析

在中华民族的历史上，有太多展现民族凝聚力的故事，当中华民族遭受到外族入侵，遭受到不公平的待遇的时候，华夏儿女团结一心，抵抗外敌；在天灾面前，中华民族团结一心，共同克服所有灾难。

民族凝聚力，是每个人潜藏在内心中非常神圣且坚强的潜力，或许在平常，这种力量并不会太过明显的表象，但是这种力量却深至骨髓，入侵血脉。在危难之中，让每一个华夏儿女能够迅速凝聚成一股力量，众志成城。

每当中华民族遭遇到天灾的时候，不管是 1998 年抗洪，还是 5·12 汶川地震、4·14 玉树地震，甚至是马航 MH370 失联，都牵动着我们所有人的心。这不仅仅是因为人道关怀，更重要的是，在每个人的心中都有这样的一个念头，我们都是中国人，我们都是中华民族的子孙，正是这股力量，让我们紧紧相连在一起，这也就是民族凝聚力最根本的体现。

故事穿越

1919 年 5 月 4 日，北京爆发了中国近代史上划时代的事件——五四运动，这是一场以青年学生为主的一场学生运动，甚至连广大人民群众、市民、工商人士等中下阶层广泛参与的一次示威游行、请愿、罢工、暴力对抗政府等多形式的爱国运动。

第一次世界大战爆发，日本借机攻占了青岛和胶济铁路全线，并且控制整个山东省，企图和德国争夺在山东半岛的各种权益。一战结束后，战

胜国在巴黎召开“和平会议”，作为战胜国，中国代表也将出席“和平会议”。尽管中方代表强烈要求取消帝国列强在中国境内的各项不平等的特权，归还日本侵占的山东半岛，但是“和平会议”上，他们不但拒绝中国的全部要求，甚至明文规定把德国在山东的特权全部转让给日本。懦弱的北洋政府竟然应允了全部不平等的对待。在这样的背景下，北京青年学生爆发了“五四运动”。

当学生们从各自的学校云集在天安门的时候，他们拿出事先准备好的条幅，上面书写着——“拒绝在巴黎和约上签字”“誓死力争，还我青岛”“收回山东权利”“宁肯玉碎，勿为瓦全”“外争主权，内惩国贼”等标语。随后，学生代表们冲破了警戒线，冲进了曹汝霖宅院内，痛打卖国贼章宗祥，火烧赵家楼。在军警的镇压下，众多名学生代表被关进监狱。

1999 年 5 月 8 日凌晨五点，美国 B–2 轰炸机发射五枚由精确制导炸弹，击中了中国驻南斯拉夫大使馆，导致邵云环、许杏虎和朱颖三名中国记者当场死亡，炸伤数十人，造成大使馆建筑严重损坏。这件事情在中国境内引起了强烈的愤慨。第二天，北京大学、清华大学、北京师范大学等十多所北京高校的数千名学生，纷纷走出校园，经过公安部门的批准，这些莘莘学子来到美国驻华大使馆门口。

学生们效仿“五四运动”，也书写着条幅——“坚决拥护我国政府严正声明”“强烈抗议以美国为首的北约轰炸我国驻南斯拉夫大使馆”“反对霸权”“我们要和平”等标语。同学们集聚在美国驻华大使馆面前，对着里面的美国官员喊出属于中国的声音：“中国不可欺！中华民族不可辱！”展现出中华民族的铮铮铁骨，和决不妥协的民族凝聚力。

故事微语

回首历史，中华民族经历了太多的磨难，尤其是在中国近代史，更是被称作“屈辱的百年史”，面对列强的瓜分、帝国的侵略，华夏儿女坚决不做亡国奴，无论敌人多么强大，只要中华民族团结一心，筑成最坚固的万里长城，铸就坚韧不屈的脊梁。

民族凝聚力，不是一个人，或者少部分人拥有的，而是潜移默化地存

在我们每个人的心里。有很多时候，当我们看到整个民族因为强大而得到肯定的时候，这份民族凝聚力和民族自豪感也会在内心油然而生。2001年7月13日，国际奥委会第112届全体会议投票选出北京为2008年夏季奥运会主办城市，一时之间，有近万人涌向天安门广场，他们彼此击掌祝贺、相拥欢笑，就为了庆祝中国圆了“百年奥运梦”。

心灵箴言

天下兴亡，匹夫有责。

——顾炎武

人民不仅有权爱国，而且爱国是个义务，是一种光荣。

——徐特立

中国唯有国魂是最可宝贵的。唯有他发扬起来，中国人才真有进步。

——鲁迅

第三篇

铮铮铁骨 浴火重生

尊严，并非是一蹴而就的培养，而是在于生活中的点点滴滴的沉淀。这个过程对于每一个人的成长都是至关重要的必修课。当我们懂得了真正的尊严，那么它就能够伴随我们整个人生。

适度的尊严

故事话题

春秋末期，齐国的国相晏婴出使楚国，楚王知道晏婴是一个很会巧言善辩的人，非常想要羞辱他一顿。因为晏婴身材矮小，于是楚王就命令士兵在城门的旁边开了一个很矮小的洞。等到晏婴来了之后，楚王命令士兵将所有的城门都关上，只留下那个小洞。晏婴一看，就地士兵说，这个不是城门，是狗洞，只有狗国才有狗洞，你去问问你们大王究竟是怎么回事？楚王一听，这个晏婴果然不好对付，只好先让士兵打开城门。

在楚国的皇宫内，楚王接待了晏婴，但是刚一开始，楚王就问他说："齐国是没有人了吗，怎么会派你来？"

晏婴回答道："齐国的都城就有七千五百户人家，怎么会没有人了呢？"

楚王非常傲慢地羞辱道："那怎么会派你这么一个人来到出使楚国？"

晏婴知道楚王这是在借机羞辱自己，他笑了笑说："齐国派遣使臣有一个规矩，根据不同的国家，派遣不同的人，有才能的人要派往有贤能国主的地方去，没才能的人就只好去不好的国家。我晏婴是齐国最没才能的人，所以就只好来到楚国了。"

楚王一听，非常生气，正好这时候，一个大臣带着一个五花大绑的人走进皇宫，楚王就问道："这是怎么回事？"

其实大臣也是楚王安排好的，他回复道："此人是齐国人，因为盗窃被抓。"

楚王就瞥了在座的晏婴一眼，问道："你们齐国人天生就善于盗窃吗？"

晏婴站起身来，非常严肃地说道："我听说，橘子长在淮南就是橘子，而到了

淮北就成为了枳子，尽管这两者形状相似，但是果实的味道却相差甚远。这就是因为水土不同造成的吧。”

楚王一听，有些纳闷，根本就不理解晏婴所言是什么意思。只听得晏婴继续说道：“现在百姓们生活在齐国，从来不盗窃，可是刚来到楚国就盗窃，莫非是楚国的水土造成百姓善于偷窃？”

故事解析

在人们内心里，个人尊严、民族尊严、面子交织在一起，但是我们必须要区分对待，甚至在很多时候，更应该注意尊严的适度。任何一种东西都需要一个“度”，包括尊严在内——如果看清了尊严，或许我们失去的就不仅仅是尊严；如果太过看重尊严，那么就会产生“过犹不及”的反效果，让自己在人际交往中成为不被喜欢的人。

什么是真正的尊严，有很多时候，我们都错以为面子就是尊严，但实际上，面子并不能等同于尊严。在上面这个故事中，楚王对晏婴百般羞辱，但这并非是在针对晏婴本人，晏婴通过自嘲的方式，以降低自己的方式抬高了齐国的国家尊严。

真正的尊严，并不因为外界的平价、言语，甚至是外在的物质来决定，当我们坚定了内心的信仰，内外兼修，只有这样才能获得真正的尊严。

故事穿越

作为清朝初期的知名学者、参与撰写重要史书《明史》的大学者万斯同，可是他在年少的时候非常调皮，也不喜欢读书，常常闯祸。有一天，他父亲在家中招待客人，可是万斯同仍然非常顽劣，宾客们提到这个不学无术的小少爷都纷纷摇头。这让万斯同的父亲感到非常丢脸，而万斯同也觉得宾客竟然当着他的面就说他如何如何，让他太没面子了，于是他非常生气地掀翻了宾客们的桌子。

等到宾客离开之后，父亲就将他关在书房里，每日三餐都吩咐佣人们送到书房，没有他的命令，谁也不能放万斯同出来。

最初，万斯同根本就不知道自己错在哪里，他在书房里大喊大叫，甚至将文房四宝都摔在地上……后来，万斯同知道自己再怎么闹也没有用，就开始拿起书本来，终于，他在书中受到了启发，开始真正用心地奋发图强。

就这样过了一年多的时间，万斯同的父亲走进书房，看到儿子已经改掉之前的顽劣个性，并且已经非常认真地阅读了整整一个书房的所有书籍。他对万斯同说，真正没有面子的事情并不是那些宾客的责骂，而是他胸无大志，当你拥有了自己的梦想，并且为了梦想开始努力，这才是真正的面子。听到父亲的教诲，万斯同终于明白了父亲的良苦用心。

后来，万斯同决心要做一名敢于记录的史官，他师从浙东著名史学家黄宗羲。清朝初期，康熙皇帝准备请黄宗羲和万斯同主修《明史》，但是因为民族气节，两个人都拒绝了。后来，黄宗羲又觉得此事重大，事关忠奸评判和子孙后世的大业，于是就让万斯同参与。后来万斯同参与撰写《明史》的时候，也一直坚持尊重史实的原则，最终为中华民族流传下真实的历史做出了自己的贡献。

故事微语

每个人都希望自己能够得到别人的认可，会认为这种普遍认可就是一个人的自尊。所以在生活中常常会有这样的情况发生，为了得到朋友们的称赞，有些人甚至打肿脸充胖子，为不属于自己的事情买单，然而这种做法却不能得到真正的尊严。

所以，真正强大起来，敢于为了自己的梦想去坚持、去拼搏——万斯同为了成为一名非常出色的史官，他刻苦读书，不向权贵妥协，他通过这种方式获得了一个史官的尊严；晏婴作为国相，他通过自嘲的方式获得了一个外交官的尊严……所以，想要得到别人的尊敬、让自己活得有尊严，并非是依靠物质就能够达到的。

当我们不再为了忙忙碌碌的生活而焦躁不安，当我们不再为了别人的成功而心存嫉妒，当我们不再活在别人的目光中，直到这个时候，我们才能理解尊严这两个字的含义。

心灵箴言

自尊自爱，作为一种力求完善的动力，却是一切伟大事业的渊源。

——[俄] 屠格涅夫

我们可以把我们的财物、生命转借给我们的朋友，以满足他们的需求，但是，转让尊严之名，把自己的荣誉安在他人头上，这却是罕见的。

——[法] 蒙田

人要想对自己的尊严有所觉悟，就必需谦虚。的确，人性是尊严的，但这样说还是不甚明确的，也是不完整的。说人是尊严的，这只限于没有私心的、利他的、富于怜悯的、有感情的、肯为其他生物和宇宙献身的这种情况。

——[英] 汤因比

爱，让我们懂得自尊

故事话题

从前有一个小男孩，他的父亲在他很小的时候就过世了，只剩下母子二人相依为命，过着非常清贫的日子。有一天，他受到同学的邀请，一起去同学爷爷家里玩，这位老爷爷家里很富足，住的是一座两层小洋楼，家里装修得也非常精致。小男孩看着光滑的木地板，却怎么也不敢踩上去。尽管同学和他的爷爷都非常热情，但是小男孩心里却难过极了。

晚上回到家里，母亲看到他情绪很不好，就询问他到底发生了什么？小男孩哭着告诉母亲今天看到的一切，他问道："为什么别人家脚踩的地方都会比他睡觉的木板床还要好呢？"听到孩子这样说，母亲心里非常难受，但是她面色平静地为儿子拭去眼泪，说道："我们不必去羡慕别人的生活，只要我们好好活着，不卑不亢地活着，任何再漂亮的地板，我们都能把它踩在脚下。"

后来，小男孩长大了，他走过很多漂亮的地板，但是他再也没有因为贫穷而感到自卑，这个男孩就是著名翻译家傅雷。

故事解析

在每一个人的成长过程中，家庭的重要性是毋庸置疑的，在青少年朋友自尊这堂必修课方面，家庭同样有着至关重要的作用。

正所谓，家长是孩子的启蒙老师，是由他们给孩子塑造了最初的人生观、价值观和世界观。在这个社会中，每个家庭的经济状况、家庭背景都存在很大的差异，当孩子们进入学校之后，自尊心非常容易受到伤害——当他遇到学习比他好的同学、当他看到别人都在炫耀、当他认识到原来自己也有太多的缺失。就如同傅雷小时候一样，如果他小时候没有去过同学的爷爷家，或者也并不会真正意识到自己的家庭和其他同学的家庭之间会有如此巨大的差距，而在这个时候，家庭教育的重要性就自然而然地体现出来。

傅雷的母亲，用她的鼓励在年幼的儿子心中树立起一个堡垒，一个用尊严铸就的堡垒，让孩子懂得，真正的尊严并非是用金钱和物质来衡量。

故事穿越

作为中国最早的马克思主义者、中国共产党创始人和早期领导者之一，李大钊在成长过程中的环境对他影响颇深——他自幼丧父丧母，是跟随着自己年事已高的祖父李如珍长大。尽管如此，李如珍却没有放松对孙子的教育，他时常告诫李大钊，做人要自尊自爱，不准他沾惹任何不良行

为举止，这些都给李大钊非常深远的影响。

后来李大钊做了父亲之后，也将这些运用到了对自己子女的教育上。有一年冬天，下了很大的雪，李大钊就打算带着子女们到院子里去扫雪，但是他的岳母很是心疼孩子，更怕天气太冷，孩子们会生病，李大钊笑了笑，依然带着孩子们出了门。在院子里，李大钊一边扫雪，一边对孩子说："青少年要从小就养成吃苦耐劳的习惯，长大之后才能够成为国家栋梁，只有通过劳动才能拥有美好的生活，谁要是不劳动，谁就是社会的寄生虫……"

等到子女们上学之后，李大钊更是注重对孩子心灵的教育。有一天，孩子们刚刚学会学校的校歌，就给李大钊唱了起来："啊，我们亲爱的孔德，啊，我们的北河沿！你永是青春的花园，你永是美丽的王国……"

刚刚唱完，李大钊就说道："我去过北河沿，哪里是一条又脏又臭的小水沟，怎么可能是孩子春天的花园、美丽的王国呢？"然后，他转过头对孩子们说："想不想学爸爸喜欢的歌？"

孩子们一听，立刻高兴地说愿意。李大钊就教他们唱起了《国际歌》，不仅教会这首歌曲的旋律，还告诉孩子们这首歌的内涵。

后来，李大钊英勇就义之后，孩子们始终都记得父亲教导他们的话。

故事微语

家，是一个充满温度的词语，每个人都在心里需要一个家的存在。在每个人的成长轨迹中，家庭氛围也起着至关重要的作用。俗话说，环境造就人，当我们置身于一个充满爱、充满尊重的环境中，自然会懂得什么叫爱、什么叫尊严。

现如今，随着青少年培养的重要性逐渐加强，有很多人都更重视家庭教育，尤其是在青少年健全人格的培养方面。一个健全的人格培养，自然会包含关于自尊、尊严的方方面面。一般来说，当这个家庭具备温暖、关爱、积极等氛围，父母对待孩子能够严格要求，但并非是强制性约束，能够平等对待等几大因素，以及父母以身作则等基本要素，都能够满足青少年培养自尊自爱的性格。

心灵箴言

自尊不是轻人，自信不是自满，独立不是孤立。

——徐特立

人应尊敬他自己，并应自视能配得上最高尚的东西。

——[德] 黑格尔

自尊自爱，作为一种力求完善的动力，是一切伟大事业的渊源。

——[俄] 屠格涅夫

人类有许多高尚的品格，但有一种高尚的品格是人性的顶峰，这就是个人的自尊心。

——[苏联] 苏霍姆林斯基

面对诱惑勇敢说不

故事话题

徐悲鸿有一幅非常有名的画作《双鹭图》，也是他的得意之作。但是有一天，一个在中国任职的某国领事前来拜访，想要买下这副《双鹭图》，徐悲鸿不愿将自己的画作卖给外国领事，就说此画是非卖品。可是这个外国领事却并不放弃，他找到了蒋介石，跟他说自己看上了徐悲鸿的《双鹭图》，希望蒋介石能够给他买下来。

蒋介石应允之后，就派自己的手下去徐悲鸿处商讨《双鹭图》的价格，但是徐悲鸿知道，这并不是蒋介石本人来买，而是要送给外国领事的，于是他还是说此画是非卖品。蒋介石差人转告徐悲鸿，这幅画是蒋委员长要买下来送给外国领事的，多少钱随他开口。可是徐悲鸿就是不肯松口，甚至非常轻蔑地说："我也说过了，这幅画是非卖品，你出多少钱，我都不会卖的！"

就在这个时候，徐悲鸿的妻子廖静文担心蒋介石会用其他方式来获得这幅《双鹭图》，于是就提醒徐悲鸿。果不其然，没过几天，蒋介石又派了一个人来要话，甚至放出话来说："这幅画，你卖也得卖，不卖也得卖！"

此时的徐悲鸿却非常平静，他打开《双鹭图》说道："这幅画确实是非卖品，因为在画作上已经题有'爱妻静文惠存'的字样了。"原来，经过妻子的提醒，徐悲鸿想到这样一个两全其美的方法，连夜在画作上题了字，这样一来蒋介石就没话好说了。

无独有偶，大画家齐白石先生也曾经在"七七事变"之后，拒绝卖画给日本人和日伪分子；梅兰芳先生蓄须明志，坚决不给日本人唱戏。这些文人墨客正是通过这种方式在捍卫着他们的尊严，以及中华民族的尊严。

故事解析

面对金钱的诱惑、面对蒋介石的强压，徐悲鸿并没有妥协，甚至能够机智地化解这场对他而言的相对危机。正如他的妻子廖静文所说，如果徐悲鸿没有找到一个合理的理由，他所面临的或许是更加危险的境况。

徐悲鸿的拒绝，表面上看来，只是拒绝出卖一副自己的得意之作，但实际上，他拒绝的是出卖自己的尊严、自己的灵魂。在当时的环境中，整个中华民族都在遭受着外国人的侵略和折磨，中国人民在自己的国家里，却受到外敌的侮辱和挑衅。徐悲鸿站出来，展现出的不仅仅是他一个人的品格，更重要的是作为一个中国人的尊严和底线。

此时的拒绝，不仅仅是一种态度，更重要的，是尊严的崛起。

故事穿越

东汉时期的名臣杨震一直都是非常清廉的官员，并且为人正直，刚正不阿，也常常通过举贤来举荐一些他认为非常有前途、有能力的官员。后来他被任命为东莱太守，在去往东莱上任的途中，恰好经过一个叫作冒邑的地方，这个冒邑的县令王密恰好就是杨震举荐的官员，所以当他听到杨震来到这个地方，就打算好好招待他。

杨震一直都很清廉，也不讲究什么排场，所以他并没有安排多少随从，等到王密知道杨震到来的时候，杨震已经打点好了一切。王密觉得自己错失了一次表现机会，当天晚上，他悄悄去拜访杨震。喝了一杯清茶之后，王密拿出一个小包袱，里面装了10两黄金。

杨震看到之后，就问他是什么意思。王密表示，他的仕途之路多亏了杨震的举荐，所以这十斤黄金就是为了答谢杨震当初的举荐之恩。当然，他更希望是通过这10两黄金来收买这位老上司，希望能够在他这里得到更多的好处。

杨震一拂衣袖，就拒绝这份礼

物，他说道："故人知君，君不知故人，何也？"意思就是说，我了解你的为人，你怎么不了解我的为人？

王密就说："反正现在已经是深夜了，你就算收了也没有人知道。"

杨震就非常生气地说道："天知、地知、你知、我知，怎说无人知？"

故事微语

拒绝，是一个人最基本的态度的表达，是一个人最基本的一项权利。有很多人都曾经在心里有过这样的疑惑，明明知道这样做是不好的，但是却碍于情面，不忍拒绝，最终只得半推半就地同意的。

究竟是什么理由让他们无法拒绝别人呢？很多人都会回答是面子，大多数无从拒绝的都是来自朋友、亲人或者是同事，会认为如果拒绝了别人，就是不给别人面子，自己更加没面子。甚至有些人会在原则性问题上因为所谓的面子，而做了很多身不由己的事情。

但是，这种面子却并非是真正的尊严，更不能成为心灵上的养分。拒绝别人，是为了坚守自己内心中的信念，是为了坚持自己的底线，是为了让自己心里上毫无愧疚地工作和生活。帮助能够帮助的人、拒绝应该拒绝的人，这才是真正的自尊自爱。

心灵箴言

不为利动，不为威劫。

——黄兴

不以穷变节，不以贱易志。

——桓宽

名节重于泰山，利欲轻于鸿毛。

——于谦

乍向草中耿介死，不求黄金笼下生。

——李白

相信你的能力

故事话题

俄国著名的戏剧家斯坦尼夫斯基非常注重演员的选择和培养。有一次，他带着整个剧组在排演一出话剧，其中女主角却因为一些原因不能继续演出，这让斯坦尼夫斯基非常着急。关键时刻，他根本就没有时间去找合适的演员，也根本没有办法在短时间内让女主角迅速进入状态。万般无奈之下，他只好找到自己的姐姐，希望由她来扮演这个角色。

但是他的姐姐只是一个很普通的服装、道具管理员，根本就没有接触过演戏，更没有担任过主角，所以她内心的压力可想而知。在短时间内，她的内心都非常忐忑，也很自卑，生怕自己无法胜任。但是她越是自卑，就越是演不好。

斯坦尼夫斯基看着姐姐这样，心里也非常着急，情绪也陷入了烦躁和不满之中。有一天，他突然停止排练，冲着他的姐姐非常严肃地说道："这部戏最关键的就是这个女主角，如果女主角演得这么差劲，整部戏就不用再继续了！"

刹那间，整个剧院都安静了，大家都看着斯坦尼夫斯基的姐姐，只见她面色沉重，很久都没有说话。过了好一会儿，她抬起头冲着自己的弟弟说："我准备好了，可以排练！"此时的她一改以前的自卑和拘谨的模样，表演得非常自然。就连斯坦尼夫斯基都称赞不已，认为又拥有了一位新的表演艺术家。

故事解析

自信，对于一个人的重要性，就如同是营养对于一株植物一般。当一个人真正自信起来，他会散发出无限的光芒。就比如斯坦尼夫斯基的姐姐一样，当她不够自信的时候，她畏手畏脚，根本就无法表现出戏剧中的精髓；可是当她变得自信的时候，却能够被斯坦尼夫斯基评论为表演艺术家。这就是自信带给人的力量。

自信，是对自己能力的真正认知，也是对自己能力的信任，这种品质不管是在事业、还是在生活中，对人们都是非常重要的。当我们在人际交往的过程中，我们首先要给人传递的是友善，其次就是自信，因为只有这样，才能让别人真正地信任你。

一个自信的人，才能赢得别人的尊重，而一个自卑的人，尽管能够得到别人的同情和怜悯，但是却很难得到别人的尊重。

故事穿越

“世界酒店大王”希尔顿之所以能够在世界上拥有这么大的产业，有人曾经询问过他的成功秘诀，希尔顿就说了两个字——自信。他始终都坚信，从他筹划第一间希尔顿酒店开始，就是依靠自信才能完成的。

当时的希尔顿只是一个穷小子，所有的家当算下来，只有200元美金，可是希尔顿却想要筹建一个大酒店。在很多人眼里看来，这无疑是天方夜谭，可是希尔顿却不这样认为，他充满了自信到处去游说别人投资。他的自信换来了几个非常不错的投资者，希尔顿酒店就开始动工了。可是没过多久，酒店也就刚刚建设了一半，世行上就传来了对希尔顿不利的谣言，动摇了投资者。

其中有一位投资者沉不住气，他找到希尔顿表示想要撤回投资。希尔顿知道，如果此时真的和其中任何一个投资者解约，马上就会产生连锁反应，其他投资者也会跑过来和他解约，撤回投资，但是希尔顿根本就没有能力偿还这些资金，那么就很有可能会有牢狱之灾。

当投资者坐在希尔顿的对面时，他非常镇定，从办公桌的抽屉里拿出支票，故意让投资者看到抽屉里满满的都是现金。他问道：“你是想要现金支付，还是支票？”

投资人回答说：“还是开支票吧。”

希尔顿大笔一挥，就写下一张数额较大的支票，说道：“我还是希望您能够耐着性子听我的解释，如果这场谈话之后，您仍然要撤回资金，这张支票就是您的了。”

原来早在投资者拜访之前，希尔顿就已经听到了这个消息，他连忙去银行提取了所有的余款，特意放在办公室的抽屉里。这样一来，投资者看到他的资金充足，自然而然就会对他的投资有了信心。再加上他不断地对投资人说，如果你现在撤回资金，按照当初的合约，投资者必须支付大量的违约金，这是得不偿失的做法。最终那位投资者就这样被希尔顿说服了，没有收回投资，其他的投资人也没有找上门来。就这样，希尔顿终于建成了第一间希尔顿大酒店，从而开始了他“酒店大王”的道路。

故事微语

曾经有人做过这样的统计，自信的人往往更容易获得成功，这主要体现在自信的人在对待自己的事业的坚持上。任何一个能够持之以恒的人，都更容易获得成功。广义地自信，是指一种对生活、对工作的积极性，是在自我评价的积极态度。

也有些人会有这样的错误认知，认为自信属于那些优秀的人，而不优秀的人，是没有资本自信的。可以说，这种错误认知不仅影响着很多青少年，就连很多成年人都陷入在这样的误区中而不能自拔。

自信，更是一种对待生活的态度，不管经历了任何挫折，我们都有信心去面对、去克服，这同样是一种自信。只有自信的人，才是生活中的强者，才是我们都值得尊重的人。

心灵箴言

自信是成功的第一秘诀。

——[美] 爱默生

既不要忘自菲薄，又不盲目自夸。

——茅盾

人多不足以依赖，要生存只有靠自己。

——[法] 拿破仑

无论是别人在跟前或者自己独处的时候，都不要有一点儿卑劣的事情；最要紧的是自尊。

——[古希腊] 毕达哥拉斯

舍得也是一门学问

故事话题

“世界首富”比尔·盖茨，这个拥有数百亿资产的商人，在他的人生岔路口处，他勇敢地“舍得”，不仅让他成就了自己的事业，同时也因为他的这个决定而改变了整个世界。

比尔·盖茨从小就展现出他对电子产品的喜爱，从 13 岁就开始进行计算机编程，并且发出了豪言壮志——我在 30 岁那一年一定要成为百万富翁。1973 年，比尔·盖茨凭借优异的成考入哈佛大学。在很多人眼中，哈佛大学就是享有世界上顶尖学术地位、财富、声誉和影响力的高等学府，毕竟哈佛大学有着“美国政府的思想库”的美名。

最初，比尔·盖茨也在哈佛大学内如鱼得水，他不仅认识了自己人生中最重要、最交心的好友史蒂夫·鲍尔默（后来成为微软公司首席执行官），也完成自己为微型计算机 MITS Altair 开发了 BASIC 编程语言的一个版本。在 1975 年，他和保罗·艾伦认识到微软可以成为一个真正的、非常有价值的商机，但是如果想要抓紧这个商机，他就无法兼顾哈佛大学的课业。

一边是世界上最著名的高等学府之一的学位证书，一边是前途未卜的商机，在那个时候成为比尔·盖茨心理天平的两端，孰轻孰重，就成为他的人生选择题。但是他却毫不犹豫地选择了后者，他非常自信地认为：“在未来，计算机将成为每个家庭、每个办公室中最重要的工具。”在这样的信念引导下，他毅然决然地放弃了哈佛大学的学位证书。

后来有媒体采访的时候，曾经询问过比尔·盖茨，在当时为何要放弃哈佛大学的学业，后来是否后悔过这样的决定。比尔·盖茨非常肯定地说：

“哈佛大学的课程他都非常感兴趣，但是离开那里并非是因为这个环境不适合我，而是我想要迅速抓住微软发展的机遇，其实当时我已经完成了大学三年的学业，如果想要利用学分的话，当时完全有能力做到毕业，而非辍学。”

在人生岔口处，比尔·盖茨放下了一纸学位证书，却得到了微软公司这片森林。并且在长期的发展过程中，计算机早已经成为人们在学习、工作时候的必备工具，完全实现了他最初的构想。

故事解析

作为世界首富、微软公司总裁，但同时他也是哈佛大学的辍学学生，这些标签都仅仅跟随着比尔·盖茨。在他的一生之中，他人生重大的转折点，就是他放弃了哈佛大学的学位证书，投身到了微软公司的创建和发展之中。

毫不夸张地说，这绝对是全球最有价值的选择之一。我们试想一下，如果比尔·盖茨选了继续完成哈佛大学的学位，很有可能他就错过了创建微软公司的最好时机，那么他身上的标签就只剩下一个“哈佛大学高材生”，或许他仍然会拥有一个非常不错的人生，却失去了改变世界的机会。

在关键时刻舍弃那些能够上束缚住我们的，不管是名利，还是其他，让我们更加清晰地认识到什么才是我们人生之中最重要的、最需要坚持的。正所谓，有舍才有得，这也是一门大学问。

故事穿越

舍得，是人生中的智慧和态度，有的时候，我们舍下了物质，收获的却是一片从容宁静的生活和心态。

东晋末期的著名诗人陶渊明曾置身于仕途之上，但是很快他就对官僚中的黑暗深感绝望，他无法改变封建社会中的官僚主义，也绝对不愿意与之同流合污。为此，他选择了辞去官职，隐退田园。

在隐退之后，陶渊明就在自己的老家过着“躬耕自资”的日子，生活非常悠闲。他和自己的妻子在院子里中满了菊花，每到夕阳西下，他就拿着一壶浊酒，对着菊花诗兴大发。可以说，在那段时间里，

他享受到了一段“暧暧远人村，依依墟里烟。狗吠深巷中，鸡鸣桑树颠”的田园乐趣。

但是，陶渊明喜欢喝酒，可是过着农耕生活的他生活得非常清贫，曾经结交的文人墨客每每到来，都会留下些许银两，以供陶渊明去打酒喝。可是几年之后，一场灾难让陶渊明家里一贫如洗，陶渊明别说是喝酒了，

就连生病了都没有钱去看病。这时候，檀道济就劝他说，不知道先生您为何如此自苦，明明有机会在仕途之中有大作为，却甘愿在这田园之中做个农夫，到头来窘迫到生病都无钱医治。陶渊明就说，我只希望能够在这田园里过我的悠哉日子，那些仕途经济学问的往事，无须再提。

就这样，陶渊明悠然自得却清贫无比的田园生活就这样持续了数十年，直到六十三岁淡然离世。

故事微语

人生在世，我们常常追寻的就是“名利”二字，有的人为了追寻名利，甚至忘记了太多人生中其他很多重要的东西。在网络上常常会看到这样一句话——他穷到只剩下钱了。实际上，人生之中，究竟什么才是最重要的呢？或许在每个人心中，都有自己的答案。

但不可否认的是，每个人在内心中都被一些执念所负累，这份执念有可能是一段不愿再回想的恩怨，也有可能是一件并不愉快的过往，或者是一段已经逝去的情感……但这个时候，我们往往需要学会如何“舍得”。舍弃这份执念，收获一片宽阔的心灵天地。

心灵箴言

得之，我幸；不得，我命。

——徐志摩

鱼，我所欲也；熊掌，亦我所欲也。二者不可兼得，舍鱼而取熊掌者也。

——孟子

人生是一场大火。我们每一个人唯一可做的就是从这场大火中多抢救一些东西出来。

——[美] 比尔·盖茨

尊严
尊严

第四篇

怀揣“尊严”勇闯人生路

尊严，是帮助我们完成梦想的保护伞，是我们梦想的指路灯，它让我们充满了无穷动力，让我们坚定地心中的目标。人生在世，尊严的重量，并不是存在于他人的评价中，更重要的是在自己的心里。

宁为玉碎不为瓦全

故事话题

公元550年，北朝东魏的孝静帝被丞相高洋胁迫，万般无奈之下只好将帝位传给了他，自此之后，北齐替代了东魏，成了新的国家。作为新的政权，高洋为了能保护自己好不容易得到手的政权，所以他将孝静帝以及他的亲眷全部处死。

原本他以为这样就安枕无忧了，可是在他当皇帝的第十个年头，有一天出现了日食，高洋就非常担心，认为这是一个不祥之兆，是上天在警告他，篡夺的帝位很快就要保不住了。于是他就询问一个心腹，为什么西汉末年，王莽夺取了西汉刘家的江山，很快又被刘家夺了回去呢？这名心腹就回答说，是因为王莽妇人之仁，没有真正的赶尽杀绝。

高洋一想，果然是这个道理，他仅仅是处死了孝静帝以及他的亲眷，但是并没有将东魏宗室的人全部处死，于是他下令将东魏宗室的近亲全部处死，人数多达七百余人。

消息传开之后，其他东魏宗室的远方亲戚也都非常恐慌，他们认为，以高洋为人的残忍，不知道什么时候，这等祸事就落在他们身上了。于是他们就连忙聚集起来商量对策。其中有一个叫作元景安的人说，不如去请求高洋，允许他们改姓“高”，通过这个方法表示自己对他的忠心。元景安的堂兄元景皓一听，立刻大骂，怎么能够为了个人安危就抛弃本宗、不认祖宗呢？大丈夫宁为玉碎，不为瓦全，宁死也绝不会更名改姓。

元景安为了保住性命，就将元景皓的话秘密报告给高洋，很快高洋就将元景皓抓捕且杀害。于是就有了这句“宁为玉碎不为瓦全”的典故。

故事解析

每个人的心中，都有自己的底线和坚持。这种坚持，更多的是对于生命本身的尊重，是对自身价值和信仰的体现。

元景皓之所以坚持“元”姓，这无关任何物质，这个姓氏不能带给他更多的物质享受，甚至还有可能给他带来杀身之祸。但是他的坚持，是出于他对生命的尊重，更是出于他对权势的轻蔑。正是为了这个信念，他可以付出生命。

在中国古代史上，有过太多这样的事例，为了心中的坚持，能够付出一切。即便是他的生命消失了，但是这种为了自身信念的坚持，却流传于世。

故事穿越

公元 1644 年 3 月 16 日，李自成带领着农民起义军攻打北京城，很快就冲破了城门。此时在皇宫内院的明朝最后一位皇帝——崇祯皇帝，却走上了煤山，在这里的一棵枯树上，用一条白绫了断了自己的生命。

在中国古代史的朝代更迭中，明朝是最有气节的朝代，自从明太祖朱元璋立下祖训——“不割地、不赔款、不纳贡、不和亲，天子守国门，君王死社稷。”纵观整个大明王朝数百年的历史中，尽管明英宗被俘，但是明朝仍然没有接受瓦剌的要求，依旧保持着明朝的气节。

自从闯王李自成揭竿起义之后，再加上大清在东北地区虎视眈眈，崇祯皇帝面临的内忧外患日益增加。尽管他曾经也想过，是否迁都南京，毕竟那里作为陪都，京城具备的一切，那里都有，如果迁都南京，除了名义上不太好听，但是却能为大明王朝保存一些实力。但是，在纠结之中，崇祯皇帝错过了最佳时机，最终被李自成攻破城门。

在这个时候，他选择以死明志，在他自杀的时候，他留下遗书：“朕凉躬圣意，有伤天德，死去无颜见祖宗。故去面冠，以发覆面，任贼分割，无伤百姓一人！”意思是说，我没有颜面去见列祖列宗，所以蒙住了脸，除去了皇冠，我的尸体随便你（指李自成）随便处置，但是请你不要伤害北京城里的百姓。

就这样，年仅 34 岁的崇祯皇帝用自己的生命，遵守了太祖朱元璋的祖训，尽管明朝灭亡他有着不可推卸的责任，但是他却用生命捍卫了明朝的尊严。

故事微语

有的坚持，是基于对信仰的执着；有的坚持，是基于对生命的尊重；有的坚持，是基于心灵的需要；有的坚持，是为了到达更成功的彼岸。但是，有一种坚持，是对尊严的捍卫。

崇祯皇帝在煤山自尽，很多人都认为这是颜面扫地的事情，曾经如此辉煌的大明王朝，最终以这种非常惨烈的方式结束。但是，在最后，崇祯皇帝并没有等待着被俘虏，等待着被闯王羞辱。所以，很多史学家评论他说，崇祯皇帝虽然不能称之为一个好皇帝，甚至身上有很多缺点，正是这些缺点导致了大明王朝的结束，然而，他却是一位有气节、有尊严的皇帝。

我们每个人内心都有自己的信仰，这种信仰或许并不是什么真正伟大的事业，也有可能就是普通人内心中的某个需求。但是当这种信仰被人践踏，被人侵犯的时候，我们能够拥有这种"宁为玉碎，不为瓦全"的坚持，这同样是一种尊严。

心灵箴言

虽然自尊心不是美德，但它是多数美德的双亲。

——[爱尔兰] 柯林斯

一个女子的人生第一课，便是：尊重自己所属的女性。

——[英] 查尔斯·兰姆

每当人们不尊重我们时，我们总被深深激怒。然而在内心深处，没有一个人十分尊重自己。

——[美] 马克·吐温

自尊是我们保存之工具；它类似物种永存的工具；它是必需的，它对我们是可贵的，它给我们快乐，它必须隐藏起来。

——[法] 伏尔泰

梦想的基石

故事话题

茅以升是著名的桥梁建筑家，他之所以成为桥梁专家，和他小时候的一个梦想有着非常重大的关系：

茅以升是南京人，就住在秦淮河畔不远的地方。在他很小的时候，每到端午节，秦淮河上都非常热闹，会按时举办端午节的传统节目——赛龙舟，所以家家户户都会跑到哪里去看热闹。

有一年的端午节，茅以升恰好生病了，他的母亲不让他出门，生怕病情再严重，他就只好在家里休息。可没想到这一天秦淮河上的桥塌了，好多在桥上来不及躲避的人纷纷掉入水中，很多不会水的人因为抢救不及时而溺毙。

听到这个消息之后，茅以升非常难过，他甚至能够想象出桥塌了的时候，大家慌乱的模样，以及溺水身亡的受害者家属该有多么悲伤。他大病初愈，就跑到秦淮河边，看着那座断桥，在心里暗暗发誓：等到自己长大了，一定要建造一座非常结实、不会坍塌的大桥，让行人能够放心地在桥上行走。

自此之后，茅以升每经过一个地方，都非常留意当地桥的形状、结构和材料，甚至还会用笔记下来，仔细研究。后来，通过不懈地努力，他终于实现了自己的梦想，成为建造桥梁的专家。

故事解析

每个人在自己的成长过程中，或许会因为一些事情，从而改变了他们的人生轨迹，成为他们的转折点。茅以升就是如此，童年时候的这次桥塌方的事故带给他很大的冲击——在老家里的，大都是街坊四邻、住在不远处的老乡，这些溺水身亡的受害者中，或许还有茅以升认识的小伙伴。在这种打击之下，茅以升立志要成为桥梁专家。

梦想，是我们前进的动力，是我们成

长的基石。当我们拥有了梦想，那么自然就会在内心身处升起一股力量，这股力量能够带给我们无穷的勇气。

有梦想的人、正在追梦的人，都是值得尊重的，如果他们成功了，或者他们就能成为改变世界的人，或者是某个领域中的成功者，即便是他们失败了，但是他们曾经为了自己的梦想努力过，也对得起自己的青春。

故事穿越

著名军事家拿破仑从小就是个有梦想的男孩，但是在小时候，家里所有的大人几乎都不能理解拿破仑的梦想。有一天，拿破仑的叔叔问他：“你长大了想要干什么？”

拿破仑立刻回答道：“我要当一个世界上最伟大的将军，要带领法国军队横扫整个欧洲，建立一个超级伟大的国家。”

叔叔听完之后，当场大笑，他摸着拿破仑的头发说：“你倒还挺会想，不过叔叔认为，你还不如当个小说家，这样你的一切幻想都能在小说里写出来，一定会大卖的。”

拿破仑听出叔叔根本就不相信他，甚至在嘲笑他这是在幻想，但当时的他并不生气。他静静地走到窗前，指着外面问叔叔：“叔叔，你看得到

那边的星星吗?”

叔叔顺着拿破仑手指的位置望过去，可现在还是大白天，天上哪里会有星星呢？可是拿破仑却坚持说：“就是在那个位置，一直都有一颗星星，不管白天还是夜晚，我都能看得到它，它就是我的希望之星，我的梦想一定能够实现的。”

尽管面对着亲戚、朋友们的质疑，但是拿破仑从未觉得自己的梦想是不切实际的，在他长大之后，他果然成为世界上最了不起的军事家之一。

故事微语

梦想，是每个人内心深处最真实的渴望，也是每个人内心中的情感需求。或许有些梦想听上去的确有些不切实际，但没有人能够剥夺别人做梦的权利。尤其是在青少年的心里，尊重他们的梦想，就等于维护了他们的自尊心。

自尊心，是维护他们精神世界的堡垒，在成功的道路上，自尊心也是一个重要的因素，只有一个拥有尊严的人，才能真的在梦想道路上一路前行，才能真正地成功。而在青少年刚刚开始他们梦想的时候，我们则更需要尊重他们的想法，无论这个梦想是否真的能够完成，至少给他们做梦的空间。

心灵箴言

梦想一旦被付诸行动，就会变得神圣。

——[英] 阿·安·普罗克特

梦想只要能持久，就能成为现实。我们不就是生活在梦想中的吗?

——[英] 丁尼生

人生最苦痛的是梦醒了无路可走。做梦的人是幸福的；倘没有看出可以走的路，最要紧的是不要去惊醒他。

——[中] 鲁迅

不为五斗米折腰

故事话题

我们常说：“理想是丰满的，现实是骨感的。”的确，在现实中，我们会遇到各种各样的约束和制约，但是不论遭遇什么样的挫折，我们都不能因此而放弃自己的尊严。中国有句老话：“不为五斗米折腰。”这不仅仅是一句话，更是一个历史典故：

田园诗人陶渊明在回到家乡过着世外桃源生活之前，他曾经在仕途之中苦苦挣扎过很长一段时间，公元405年，他被调到彭泽县当县令，为了养家糊口，他不得不来到这里。可是他刚刚到任的时候，恰好是在冬天，郡太守派了一名督邮来这里监督县令的工作。督邮的官职非常低，但是因为他可以在郡太守面前工作，很多县令都恭维着督邮，给他们各种好处，韦德就是他们能够在郡太守面前说一些县令的好话。

来到彭泽县的这名督邮平日里过惯了被县令奉承着的生活，所以他刚一到县里，就立刻派县吏去叫陶渊明来见自己。陶渊明平日里就不肯做趋炎附势的事情，对督邮这种假借上级的面子就胡乱摆谱的人他更是看不起，所以他准备穿着便衣出门见督邮。

身边的县吏连忙拦住刚上任的县令老爷，说：“县令大人去见督邮，必须身着官服，束上腰带，否则督邮要是在郡太守面前说您有失体统，对大人是非常不利啊！”

陶渊明本来就是强忍怒火，听完这句话他直接大骂道：“我怎么肯为了五斗米的俸禄去向此等小人折腰？”说完，他也不去见督邮了，直接写了一封辞职信，离开了彭泽。

故事解析

不管是在古代，还是在现如今，在我们进入社会之后，总会遇到一些考验，或者说总会遇到一些取舍——为了得到某些资源、为了人际关系，总会多了很多应酬。但是有的应酬是良性的，是必要的；有的应酬却会让我们违背一些原则、放下自己的尊严。

陶渊明去见督邮这个看似已经成为约定俗成的、官员之间的互动，但却并非是平等的、合理的，且官员的目的也不是单纯的。为了让督邮在郡太守面前说些好话，就要用金银来收买、来贿赂，这又是违法的。陶渊明当时来这里当县令，俸禄就是五斗米，虽然他口中所讲是不愿意为了五斗米折腰，但实际上他想说的是，他不愿放弃他做官、做人的尊严。

在现如今，我们也很有可能遇到这种“送礼成风”的问题，不管是给自己的上级、还是求人办事，那么是选择现实，还是选择尊严呢?

答案不言而喻，尊严，是每个人的底线，当我们自己的尊严受到践踏的时候，我们尚且愤然捍卫，那么为何要去做有损自己尊严的事情呢？想要成功，真正的途径只哟不断努力，充实自己，捷径或许能够帮助一时，却帮助不了我们一生，失去的尊严却再也找不回来了。

故事穿越

“不食嗟来之食”这也是古代的一个历史典故：

在中国古代，由于天气原因，总会遇到旱灾、涝灾，这个时候，有些人因为领不到救济粮而变成乞丐。有一天，有一个家境富裕的员外在自家院子的后门，办起了“舍粥”的摊子。有很多家境非常富裕的人心地善良，会定期拿出富裕的粮食做成粥，给乞丐和流民吃，就好比现如今的慈善事业。

富人家的家丁就在摊子上摆好了碗，都装满了粥。恰好在这个时候，

他们看见一个衣衫褴褛、步履轻浮的男子，一看就知道这个男子已经有一段时间没有饱餐一顿了，于是家丁们就对他喊道：“喂，过来吃！”

这个男人踉踉跄跄地走到摊子面前，昂着头对家丁们说：“我路上遇到好几处像你们一样的舍粥摊子，但我就是因为他们的‘喂，过来吃’才落得现在这个地步，现在我已经这样了，难道还会吃你们的这一碗粥吗？”说完，他昂着胸膛离开了。

故事微语

尊严，并不因为我们是否富有、是否健康、是否美丽而拥有，它是每个人都需要的内心需求。在现实生活中，我们或许会成为施舍者，那么在慈善的过程中，请收起高傲的神情；或许我们也会需要别人的帮助，这种帮助有可能是物质上，也有可能是精神上，但无论是那种形式，也需要表达出自己的感激之情。

我们每个人都遇到困难，甚至会遇到人生的最低谷，但是越是这样的情况，越需要保持尊严，只有这样才能让人不因为我们的处境而看低我们，更不会让我们因为自己的失败而轻视自己。尊严，并非是成功者的专利。

心灵箴言

生命的尊严正是超等价物的一切事物的基点。

——[日] 池田大作

擦地板何洗痰盂的工作和总统的职务一样，都有其尊严存在。

——[美] 尼克松

人的尊严可以用一句话来概括：即他的信念……它比金钱、地位、权势，甚至比生命都更有价值。

——[埃及] 海卡尔

虚心接受竞争对手的建议

故事话题

原巨人网络 CEO 史玉柱一直都是风云人物，但是有一次在媒体采访的节目中，四通集团董事长段永基、联想集团董事长柳传志、中国民营科技实业家协会秘书长华贻芳等人当着他的面提到了这样一件故事：

在巨人集团曾经因为早年盖的巨人大厦失败，再到巨人集团的保健品脑白金、黄金搭档等产品也遭到媒体围攻，史玉柱经历了很多大起大落。但是提到他这个人，华贻芳和柳传志都肯定了一点——他特别虚心接受同行的建议。

华贻芳说，在巨人集团第一次出了事故的时候，他曾经写了一首打油诗，诗的内容是："不顾血本，渴求虚荣；恶性膨胀，人财两空；大事不精，小事不细；如此寨主，岂能成功。"结果史玉柱听到了这首诗，他不但不生气，反而将这首诗写好挂在自己办公室的墙上，天天看着这首诗，以此激励自己不要犯同样的错误。

主持人就问华贻芳，那他现在对史玉柱的态度是什么呢？华贻芳当场又写下了一首打油诗："一代企业，大事两桩；经济文化，半斤八两；既能赚钱，更会育人；如此寨主，方成好汉。"

联想集团董事长柳传志也表示说，他以前非常不喜欢史玉柱，甚至两个人见了面，也都不打招呼。主要就是觉得这个人很浮躁，可是现在他正在逐渐改变自己、在剖析自己的过去，所以他有什么建议，也都会告诉史玉柱。

故事解析

在这个社会上，我们都会遇到各种各样的竞争对手，无论是在学习，还是在工作，竞争关系都会存在。但是如何看待竞争对手，如何看待竞争对手对你的建议或者是批评，这也是一种人际关系中非常重要的一环。

有很多人都有这样的想法，认为只要是竞争对手，他只要说自己的缺点，就一定是所谓的“羡慕嫉妒恨”，只要说出自己的不足，即便自身存在，为了面子也要矢口否认。但实际上，竞争对手的建议反而更应该重视。

史玉柱经营的巨人集团，最开始是经营房地产，后来转行经营保健品，最初的房地产生意失败，就和他过于浮躁有很大的关系。其实在同一个行业，所有的竞争对手之间，不仅仅是竞争关系，更是师长关系，他们的建议反而有更多的益处。

故事穿越

2011年的诺贝尔奖颁发的时候，有一件事情引起了很多人的关注，这一届诺贝尔物理学奖的获奖人选是三个——美国人索尔·佩尔马特、亚当·里斯、持有美国和澳大利亚双重国籍的布莱恩·施密特，但是这三位科学家却是在研究同一个课题——“宇宙正在加速扩张”现象。可是更令人惊奇的是，这三个人并非是在同一个研究团队之中，他们三个人分别是三个研究团队的领军人物，那么为什么诺贝尔物理学奖会颁给他们三个人呢？

实际上，表面上是竞争对手的三位科学家以及他们的研究团队更是合作伙伴，原来，他们之间的竞争非常大，毕竟都是在研究同一个课题，涉及到的数据、试验等方面的东西都非常接近。起初他们之间还相互看对方不顺眼，但时间长了，他们终于想通了，只有相互合作、资源共享，最

终才能共同研究出这个课题。

就这样，三方终于坐下来谈到了合作的事情，最终达成了一致。正是如此，他们才能在短时间内完成如此重大的课题，并且最终获得了诺贝尔物理学奖。

故事微语

有很多人会认为，竞争对手之间存在着“面子关系”，这个面子就涉及到了个人，或者是整个团队的尊严。但实际上，这次是一个绝对的误区。

竞争对手之间的尊严，体现在是否能够为了研究拼尽全力，体现在坚持到最终胜利，体现在团队之间的默契和协作。当别人的建议是正确的时候，不妨放下心中的“面子思维”，虚心接受别人的建议；如果竞争对手提出的意见对你来说，并不完全正确，那么就运用自己的知识，去说服他。这才是真正的尊严。

况且，“没有永远的敌人”，这是商场上的一条准则，为了共同的梦想、为了共同的利益，转化成战略合作伙伴也并非是不可能的事情。

心灵箴言

虚己者进德之基。

——方孝孺

人生大病，只是一“傲”字。

——王阳明

一个骄傲的人，结果总是在骄傲里毁灭了自己。

——[英] 莎士比亚

骄傲自满是我们的一座可怕的陷阱；而且，这个陷阱是我们自己亲手挖掘的。

——老舍

不给自己任何妥协的机会

故事话题

从前，有一位来自挪威的年轻人为了心中的音乐梦想，漂洋过海到了法国，希望能够进入著名的巴黎音乐学院学习。在考场上，他发挥了自己最佳水平，可是仍然没有打动在场的考官。

为了能够来到巴黎，他已经花费了身上所有的钱，他只好来到学院不远处的繁华街道上，他拿出自己心爱的琴，在这里卖艺赚取些盘缠。

在他拉琴的时候，有很多人都被他的音乐感染了，驻足聆听。一曲即终，年轻人拿起琴盒，来到观众面前，有很多人都拿出钱来，放在琴盒里，借此感谢年轻人带来的美妙音乐。但是，其中有一个男人却充满鄙视地就将钱扔在了地上。年轻人看了看地上的钱，又看了看傲慢的男人，他弯下身捡起钱交还给男人，说道："先生，您的钱掉了。"

傲慢的男人接过钱，又重新扔到了年轻人脚下，说道："现在这钱是你的了。"

年轻人对他深深地鞠了一躬，但是却没有捡地上的钱，反而是抬起头，直视着对方的眼睛说道："先生，谢谢你的资助，刚才您掉了钱，我帮您捡了起来，现在我的钱掉在地上，也请您帮我捡起来。"

这一番不卑不亢的机智回答，赢得了身边观众的阵阵掌声，傲慢的男人也只好捡起钱放在琴盒里，灰溜溜地溜走了。

在围观的人群中，学院的主考官一直注视着这名年轻人，后来他将年轻人带回了学校，并且录取了他。后来，这名年轻人成为挪威小有名气的音乐家，代表作品的名字就叫作《挺起你的胸膛》。这个年轻人名叫比尔撒丁。

故事解析

我们每个人都会经历人生的低谷，无论是在学业上，还是在工作中，没有人能够真正一帆风顺。那么，当我们处于低谷的时候，如何做、如何调整心态就成了一种学问。

在人生低谷的时候，我们常常会因为自己的失败而感到自卑，甚至会怀疑自己的能力，当别人用鄙视的眼光看待的时候，心里会非常难过，但是却忘记了如何捍卫自己的尊严。因为我们始终会带着“失败者”的阴影。

但是，尽管我们身处人生的谷底，尊严却是不能缺失的。比尔撒丁考试失败，但是他从来都不怀疑自己的音乐才华，即便他只是在街头卖艺的小提琴手，也绝对不是一个可以为了金钱出卖尊严的人。也正是他的这份自信、自尊最终为他带来了巴黎音乐学院的录取书，更是成为他今后音乐道路的转折点。

故事穿越

著名的数学家华罗庚自幼家境贫寒，在他读完中学之后，就因为家里没有钱供他继续读书而被迫失学。在那段时间，他只好回到家乡帮着父亲干活，可是没过多久，他就遇到了更大的挫折——他大病一场，由于家里没钱给他治病，他只好在家里躺了半年。但是当他病好了之后，他却留下了终身残疾，他的左腿关节变形。那个时候他只有19岁。

可以说，那是他一生之中最难熬的岁月，华罗庚非常迷茫，他不知道自己未来还能干什么。有一天，他闲来无事翻阅书籍，恰好看到孙膑的故事，于是他开始和命运抗争——白天，他强忍腿部的疼痛，帮助父母干活，赚取维持生计的金钱；晚上，他在挑灯自学。

1930年，华罗庚的一篇论文在《科学》杂志上发表，立刻引起了清华大学数学系主任熊庆

来教授的高度关注，他不仅亲自到华罗庚的家里看望这位身残志不残的年轻人，还破格聘请了华罗庚担任清华助理员。这个机遇更是给华罗庚提供了良好的学习平台，他开始了自己的旁听生涯，后来终于成为著名数学家。

故事微语

当我们处于人生的谷底，只有自尊自信，才能让我们走出失败的阴影，才能让我们到达成功的彼岸。

想要走出人生低谷，首先要依靠的就是自强不息，就是拥有奋发向上的精神，更要有勇于面对失败的勇气，无需去在意别人的目光。而那些丧失自尊的人，一旦遇到困难和挫折，往往容易内心脆弱、自暴自弃；缺乏自信的人如果遇到了挫折，很容易就觉得自己就是技不如人，从而放弃了奋斗。

所以，当我们处于人生谷底的时候，努力做一个自尊、自信的人，只有这样，才能让我们走出失败的泥沼，真正走上成功之路。

心灵箴言

一个人只要强烈地坚持不懈地追求，他就能达到目的。

——[法] 司汤达

涓滴之水终可以磨损大石，不是由于它力量强大，而是由于昼夜不舍的滴坠。

——[德] 贝多芬

这世界除了心理上的失败，实际上并不存在什么失败，只要不是一败涂地，你一定会取得胜利的。

——[美] 亨·奥斯汀

第五篇

真挚友情 贵在尊重

人，是群居动物，在一生之中，需要有友情来丰富自己的人生。在和朋友相处的过程中，尊重是非常重要的一个因素。当我们尊重朋友，才能真正感受到友情的可贵；当我们尊重朋友，才能获得同等的对待；当我们尊重朋友，才能理解友情的真谛。

尊重他人就是赢得他人尊重

故事话题

在人与人的交往之中，尊重是非常重要的一个原则。无论双方的身份、地位、金钱有着怎样大的差距，尊重他人，都同等重要。

俄罗斯文坛中的大文豪屠格涅夫为人善良，走到哪里都喜欢做慈善。有一天，他在一个路口看见一个衣衫褴褛的乞丐坐在地上。于是他走到乞丐面前，准备给他一些零钱，乞丐看见他也主动地将手举得高高的。可是这时候屠格涅夫才发现，他翻遍了所有的口袋都没有找到一分钱，原来他今天出门的时候刚刚换了衣服，口袋里都是空空的。可是他看着乞丐期盼的眼神，他只好握住乞丐的手，诚恳地说：“兄弟，实在是对不住，我今天没有带钱出门。”乞丐听完这句话之后，竟然激动到热泪盈眶，他回答说：“您能叫我一声兄弟，这比给我零钱还让我感动，因为您让我和您站在同一条线上。”

故事解析

尊重他人，并非是嘴上的泛泛而谈，而是需要是发自内心的坦诚，是个人内在修养的一种表现。屠格涅夫和乞丐之前，无论身份、地位、财富，还是内在修养都相差甚远，但是屠格涅夫却能够尊重对方，尽管只是一个简单的握手，但是在这次握手的背后，却展现出生命的尊重的重量。

尊重他人，不仅仅是尊重别人，更是对自己的尊重，是对自己的人生观、价值观和世界观的尊重，是对自我价值的尊重，也是对人格的尊重。有人说，我们的所作所为就是我们内心中的镜子。当我们表现出尊重，那么我们的内心就是值得尊重的，如果我们表现出友好，那么我们的内心就是友好的。

故事穿越

尊重，不仅仅能够让人感到愉悦，更有可能改变一个人：

从前有一个富翁，有一天他在河边散步的时候，碰到一个身材瘦弱的年轻人在河边卖旧书。天气非常冷，年轻人只穿着非常单薄的衣服，啃着一个有些发霉的面包。看到这个场景，富翁内心很是同情年轻人，于是他

就从兜里拿出是八美元放在年轻人的手里，然后转身离开了。刚走了几步，他觉得这种做法十分不妥，连忙走了回来，随手从地上捡了两本旧书。他对年轻人歉意地笑笑，说：“十分抱歉，我忘记那我买的书。”然后他很郑重地对年轻人说：“其实，您和我一样都是个商人。”

几年的时间过去了，富商出席一个慈善会，一个年轻书商走了过来，原来这名书商正是那个在河边摆摊卖旧书的年轻人。正是富翁的尊重让他重拾了信心，并且成为一名出色的书商。

故事微语

尊重，不仅仅能够传递友善，更重要的，它能够传递一种力量，一种让人奋发向上的力量。一份发自内心的尊重，很有可能能够改变他人的处境，也有可能将另一个人变得充满斗志。反之，不尊重，很有可能让一个原本乐观的人变得压抑，让一个原本充满自信的人变得低迷。

尊重他人，是一种心胸，更是一种宽容。能够平等地看待别人的缺点、包容别人的抱怨，当我们能够懂得别人的喜怒哀乐，并且尊重他人的情绪，那么我们也能得到同等的尊重。

心灵箴言

尊重别人，才能让人尊敬。

——[法] 笛卡尔

尊重别人的人不应该谈自己。

——[苏联] 高尔基

尊重生命、尊重他人、也尊重自己的生命，是生命进程中的伴随物，也是心理健康的一个条件。

——[美] 弗洛姆

一种天性的粗暴，使得一个人对别人没有礼貌，因而不知道尊重别人的倾向、气性或地位。这是一个村鄙野夫的真实标志，他毫不注意什么事情可以使得相处的人温和，使他尊敬别人，和别人合得来。

——[英] 洛克

尊严无法用物质来衡量

故事话题

在 2006 年，“三农人物”评选的颁奖晚会上，发生了这样一幕——获奖人是乡村教师陆永康，这位伟大的民办教师，因为患有小儿麻痹症导致双膝以下的肌肉萎缩。后来他成为一名民办教师，为了能够在讲台上给学生们讲课，他自制了一双“船鞋”，能够以手臂的力量来支撑自己“行走”“站立”，就这样，他坚持了十多年的时间。在陆永康上台的时候，颁奖人——著名相声演员侯耀华先生单膝跪地，将奖杯颁给了陆永康老师。

观众们看到这一幕都惊呆了，就连陆永康老师也惊住了，他连忙想要搀起侯耀华，但是侯耀华却说：“您跪了这么多年，为了孩子，今天我应该给您跪。”紧接着，在观众席内爆发了持续不断的掌声。

故事解析

陆永康虽然是一位身带残疾的民办教师，但是他的精神却感动着很多人，包括为其颁奖的侯耀华先生。但是，这一跪，并不仅仅是表达一种感动，更重要的是表现对一位民办教师的尊重。

为了教育事业，陆永康从不觉得自己辛苦，为了让失学儿童有一个课堂，他自己拿起教鞭，穿着自制的“船鞋”走遍村落里，去说服学生家长，让他们把孩子送回教室。为了教育事业，他一个人在村庄里坚持了十多年，送走了一批又一批学生。尽管他是跪着，但是在精神上，他却不亚于任何一个站立的人。

侯耀华先生为了表达自己的感动和尊敬，他选择和陆永康同样的姿势，这并非是一场炒作，也绝对不是作秀，这都是出于一份发自内心的尊重。

故事穿越

著名表演大师卓别林先生，尽管他表演了很多荒诞不羁的小人物的故事，但是在生活中，他却是一个非常懂得尊重朋友的人。

一次偶然的机会，卓别林先生认识了一位对他仰慕已久的影迷，几次见面的时候，两个人都相谈甚欢，很快，他们就成了时常联系的好朋友。这位影迷是一位资深的棒球迷，有时候他和卓别林见面的时候，偶尔聊起棒球，他就滔滔不绝，可这个还时候，卓别林虽然不感兴趣，但是却仍然微笑地看着朋友，仔细聆听。

后来，卓别林在其他聚会上遇到一个朋友，碰巧这个朋友认识观众很喜

欢的棒球明星，于是他就委托朋友去找棒球明星要一个签名的棒球帽。朋友很费解，他知道卓别林不喜欢棒球，要这个棒球帽做什么呢？卓别林回答道："我的确对棒球没什么兴趣，但是我的一个影迷朋友很喜欢，只有尊重他人所喜爱的事物，别人才能感受到自己被理解、被尊重，这是一切友情的基础。"朋友听完，连忙联系棒球明星索要了一个带有签名的棒球帽。

几年时间过去了，影迷朋友听说了这件事情，他非常感激卓别林对他的尊重，直到卓别林过世之后，白发苍苍的他仍然记得这件往事。

故事微语

尊重，能够让人与人之间的距离缩短，能够让人轻易地感受到别人的友善。但是尊重并非是物质来衡量的，在尊重面前，物质反而变得非常渺小。

尊重是通过人内心的感受来衡量的，当我们能够充分理解对方的处境和情绪，当我们能够想他人之想，解他人之需，尊重就显得尤为重要。

尊重，并非是获得什么好处，也绝非是物质上的等价交换，在人与人的交往之中，它是无价的。只有这样，才能显示出尊重的重要。

心灵箴言

为人粗鲁意味着忘记了自己的尊严。

——[俄] 车尔尼雪夫斯基

对人不尊敬的人，首先就是对自己不尊重。

——[俄] 陀思妥耶夫斯基

卑己而尊人是不好的，尊己而卑人也是不好的。

——徐特立

施于人，但不要使对方有受施的感觉。帮助人，但给予对方最高的尊重。这是助人的艺术，也是仁爱的情操。

——刘墉

坚持自己的原则

故事话题

在几百年前，著名建筑设计师克里斯托·莱伊恩接到了一个任务——设计英国温泽市政府大厅。这个任务对于当时已经经验丰富的克里斯托来说，并非是太大的挑战。在考察完环境之后，他就巧妙地设计了只用一根柱子支撑的大厅天花板的内部设计。但是市政府的权威人士看到设计图纸之后，对这种设计的安全性提出了质疑，认为只有一根柱子支撑天花板根本就不安全。于是他们提出，一定要再多加几根柱子，这样才稳妥。

可是克里斯托内心却并不愿意更改自己的设计方案，他对这个方案非常自信，根本就无需多加柱子来保证安全。但如果不加，根本就无法通过，那样一来，市政府一定会选择其他设计师。前思后想之后，克里斯托终于想到了一个方法——他在大厅内部增加了四根柱子，但是却并没有和天花板相连，只是装装样子。于是设计就这样通过了。

几百年的时间过去了，市政府大厅依旧是坚固如昨，直到有一次市政府决定修缮天花板，这才发现克里斯托当年的“小把戏”。

故事解析

建筑设计师在设计自己的图纸的时候，将自己的全部心血都放在设计上，当设计图纸完成之后，他们就会将这份图纸视为“自己的孩子”。但是当他面对别人的质疑的时候，克里斯托并没有妥协，尽管他最后采用了一些小手段，却仍然没有违背他作为一名建筑设计师的原则。

当我们面对权威的质疑的时候，当我们面对他人的排挤的时候，当我们被情感绑架的时候，我们是否能够坚持自己的原则，这不仅仅关系到我们的人际关系，更关系到我们的尊严。

坚持自己的原则，不仅仅是对自我最根本的认知，更是对自己能力的坚持。有些原则是能够变通的，但是有一些却是必须捍卫的底线。更是我们人格的绝对体现。

故事穿越

隋朝名臣皇甫绩在年幼的时候，父亲就去世了，母亲就带着孩子回了娘家。皇甫绩的外公是当地有名的大户人家，家里非常富裕，外公看皇甫年幼无父，心里就对他格外疼惜，但是对于孩子的教育问题，他却丝毫不放松。外公家人丁兴旺，孩子都是在家里念私塾，他规定，哪个孩子如果无故不完成先生交代的课业，要按照家规重打 20 戒尺。

有一天，皇甫绩和其他堂兄们下课后一起下下棋，玩着玩着就到了晚上，大家都忘记了老师留的作业。果然第二天外公就知道了这件事情，他把几个孙子和外孙皇甫绩都叫到面前，狠狠地教训了一番，按照家规，外公拿着戒尺每人打了 20 下。到了皇甫绩这里，其他堂兄们都连忙替他求情，说："皇甫绩年纪小，不懂事，以后一定不敢了。"

外公自然疼惜他年纪小，又没有父亲，于是就对着皇甫绩说："这次看在你年纪小，又

是初犯，就不打你了，但是你要记得，以后绝对不允许再犯这样的错误。”说完就离开了。

看着几个兄长们的双手被戒尺打得红肿起来，皇甫绩非常难过，他拿起戒尺对兄长说：“我和你们犯了一样的错误，既然这是家规，那么我也应该被打20下。你们都按规矩受罚了，我也不能例外。”

兄长们一看皇甫绩如此认真，也就拿着戒尺象征性地打了20下。

后来，皇甫绩在朝廷里做了官，奉公守法，刚正不阿，在任何时候都不忘记自己做官的底线和原则，让他在文武百官中赢得了很高的声望。

故事微语

坚持原则，尽管说起来很容易，但是做起来却并不容易，尤其是在我们走进社会之后，我们要面对很多让容易让我们动摇的因素。但是，坚持原则并不仅仅是对于别人，更是对自己的要求——想要成功，就必须坚持自己的原则，要有很顽强的意志力。

但是，我们内心应该非常清楚，原则是坚守给自己的，让自己能够获得成功，让自己活得正直，让自己不留缺憾，所以，坚守原则，不要因为微小的变故而失掉自己内心的坚持。

坚守自己的原则，更是对自己的一份尊重，原则是我们在内心给自己定下的标准，如果为了一点点小事就否认了自己定下的标准和底线，那么何谈自尊呢？

心灵箴言

原则是我的信条而不我的权术。

——[英] 迪斯雷利

党的原则性，是灵活性的标准和尺度。

—— 刘少奇

人生不是完全按照舞台上的原则来办事的。

——[荷兰] 斯蒂文

为原则而战要比按照这些原则生活容易些。

——[奥地利] 阿尔弗雷德·阿德勒

我的最高原则是：不论任何困难，都决不屈服。

——[法] 居里夫人

权力感是一种像喜爱享乐一样强烈的精神原则。

——[英] 赫兹里特

最珍贵的友情

故事话题

何为“最珍贵的友情”，当朋友之间拥有了共同的兴趣、爱好，却不因为现实原因而改变，这才是最珍贵的友情。

在中国古代史上，每每提到友情，都会说到伯牙子期的故事。善于抚琴的俞伯牙，有一天在江边抚琴，恰好遇到樵夫子期。对于伯牙弹奏的乐曲，子期都能够了如指掌、侃侃而谈，伯牙并不介意子期的身份，连忙请进船内，两个人弹琴、交谈，好不畅快。但是很快，伯牙就要离开这里了，他只好和子期约定，来年的同一时间，他们还在这里一起弹琴聊天。没想到的是，到了第二年，子期因病故去，无法再来赴约，子期为了纪念这位知音，割断了琴弦。

故事解析

珍贵的友情，并不能根据时间长短、空间距离和地位高低来决定，俞伯牙作为晋国上大夫，又是琴技出众的文人，但是钟子期只是山野中的一介樵夫，两个身份悬殊巨大的人，却因为音乐走到了一起，结为音律上的知音。

钟子期并不因为自己身份低微就感到自卑，而俞伯牙也并不因为自己是个官员就傲然于世，这才是珍贵的朋友。

珍贵的朋友自然是建立在平等对待的基础之上，相互尊重，只有这样，友情才能持久。

故事穿越

北宋时期著名诗人、改革家、名相范仲淹曾经在朝廷主持改革工作，但是改革却触动了皇亲贵族的根本利益，不仅改革工作被迫停滞，就连范仲淹也被革职发往颍州。朝廷中的文武百官听到这个消息之后，都不敢再和范仲淹来往，生怕被说成是朋党，正所谓“人走茶凉”，让范仲淹内心

无比凄凉，就连平日里和他私交很好的几名大臣也都避而不见。

可就在这个时候，官员王质却出现在范仲淹的家门口，范仲淹连忙问他，到此作甚？王质非常坦然地说是来送故友。他不顾范仲淹的劝阻，就这样大摇大摆地将范仲淹一直送到城门外。

故事微语

友情，是我们每个人都需要的情感之一，却同样重要。当我们能够互相尊重之后，即便是朋友有难，我们却仍然能够不离不弃，不因为外界压力而对朋友产生芥蒂，这样的友情才是弥足珍贵、

以范仲淹的名望，在他春风得意的时候，一定有很多朋友都围绕在他身边，但是当他身处低谷的时候，却只有王质一个朋友在身边，不得不说，什么才是最珍贵的友情，只有患难方可见真情。

真正的友情，不会因为地位的变化、金钱的多少而变更，更不会因为距离的拉大而变得生疏。真正的友情，更是对自己内心的一种尊重，当我们认可一份友情，这也是发自内心的认知。难道不是吗？

心灵箴言

古人结交在意气，今人结交为势利。

——冯梦龙

以“淡”字交友，以“聋”字止谤，以“苛”字责己。

——李叔同

搏弈之交不终日，饱食之交不终月；势力之交不终年，惟道义之交可以终身。

——金缨

道义相砥，过失相规，畏友也;缓急可共，死生可托，密友也;甘言如始，游戏征逐，昵友也；和则相攘，患则相倾，贼友也。

——苏溶

做宽容大度的朋友

故事话题

当我们形容两个朋友关系好的时候，有时候会说他们是“管鲍之交”，这也来自一个历史典故：

名相管仲在很年轻的时候就认识了鲍叔牙，两个人很快就成了好友。一次偶然的机会，两个人决定拿出一部分钱合伙做生意，因为管仲家境贫寒，鲍叔牙就说，这样吧，你出三我出七。

生意做起来之后，鲍叔牙出了一大部分本钱，又让自家的下人来看管买卖。很快下人就跑来说，管仲常常会从账房里拿出钱给自家还债。鲍叔牙摆摆手，示意下人不要这般多事。

到了年底，盘点分红的时候，鲍叔牙将获得的利润平均分账，管仲并没有客气，直接收下了。这下子鲍叔牙的下人非常生气地说：“管仲这个人太贪婪了，做生意的时候，他拿本钱拿得少，平时数他用钱用得多，到了分红的时候，他居然还能坦然地拿走一半利润，可见他是一个非常贪婪的人。”

鲍叔牙一听，非常生气，就斥责手下说：“我和管仲一起做生意，本意就是为了要帮帮他，这件事情和你们没有关系！”

故事解析

宽容，是一种态度，一种对待人生、对待朋友、对待自己的态度。鲍叔牙对管仲的宽容，看似是因为金钱，但实际上却并非如此，而是对于自我的一种肯定。

作为朋友，鲍叔牙心里非常清楚，管仲家境贫寒，负债累累，但是他又是一个自尊心非常强的人，如果贸然提出给他部分金钱帮助他，管仲一定会拒绝的。所以鲍叔牙就想出这样的方法来帮助观众。

而管仲，心里也非常清楚，鲍叔牙提议做生意，就是为了帮助自己，他可以这样接受鲍叔牙的恩惠，同时也会在内心里感激这样的朋友。如果他故作推辞，反倒是对友情的玷污。

两个人都心照不宣地维持着这样一段友情，而这也成为历史上最经典的友情之一。

故事穿越

廉颇和蔺相如之间的“负荆请罪”流传千古，蔺相如因为在渑池大会上挫败秦王的诡计，捍卫了赵国的尊严，于是被赵国君主封为上卿，甚至

超过了廉颇。这让廉颇将军非常不甘心，于是他扬言，今后见到蔺相如，一定要她好看。

这句话就传到了蔺相如的耳中，他听完之后，决定对廉颇避而不见。于是蔺相如的下人就非常奇怪，为什么蔺相如会如此惧怕廉颇呢？蔺相如却回答说，秦王比廉颇将军还要厉害，可是我连秦王都不害怕，怎么会害怕廉颇将军呢？我这样做不过是为了赵国的国家利益着想，并非为了我个人得失。

听到蔺相如的这番话，廉颇将军终于认识到了自己的错误，连忙背上荆条，来到蔺相如的家中，负荆请罪。后来，廉颇和蔺相如成为生死之交。

故事微语

对待友情，做一个宽容的人。对朋友的宽容，就是对我们自己的尊重。对待友情，做一个自尊自爱的人，对朋友的尊重，能够让我们更加收获友情。

在现如今这个快节奏生活方式中的我们，时常会忘记了友情的真谛，认为一起逛街、购物的就是真正的朋友。但实际上，真正的朋友是能够包容你的缺点，但是却会毫不客气的指出你的问题；真正的朋友可以设身处地地考虑你的问题，但是却不会干涉你的选择；真正的朋友会为了你的事情担忧，却尊重你每一次的决定。

做一个大度的朋友吧，这不仅仅是对友情的尊重，更是对自己的尊重。

心灵箴言

与朋友交，只取其长，不计其短。

——李煜

交朋必择胜己者，讲贯切磋，益也。

——何坦

傲慢亵狎，导人为恶者，损友也。

——朱熹

君子与君子以同道为朋；小人与小人以同利为友。

——欧阳修

心灵榜样微史话

晏婴

晏婴，字仲，谥平，又称晏子，是春秋末期一位重要的政治家、思想家、外交家，他出身官宦世家，其父晏弱势齐国上大夫，在父亲过世之后，晏婴继任齐卿，先后辅佐齐灵公、齐庄公、齐景公三位君主，辅政长达六十余年。晏婴聪明睿智、善于辞令，是春秋时期不可多得的人才之一，辅政长达六十余年。著名史学家、文学家司马迁个人非常推崇晏婴，甚至将他比作管仲。

迈克尔·乔丹

迈克尔·乔丹，美国职业篮球运动员，在 NBA 篮球职业生涯中创造了无数的辉煌战绩，是第一个拥有“世纪运动员”称号的篮球巨星。在他的篮球生涯中，他一共获得了 6 次 NBA 总冠军、2 次奥运会冠军、3 次 NBA 全明星 MVP、5 次常规赛 MVP 和 6 次总决赛 MVP。迈克尔·乔丹成为全美国，乃至全世界篮球迷心中的绝对英雄。

徐悲鸿

徐悲鸿，现代著名画家、美术教育家，他擅长走兽、人物、花鸟等方面的画作，主张现实主义，并且强调国画改革融入西画技法，作画的时候主张光线、造型，讲究对象的解剖结构、骨骼等几方面的准确把握，并强调作品的思想内涵，对当时中国画坛影响甚大，与张书旗、柳子谷三人被称为画坛的“金陵三杰”。

徐悲鸿 9 岁起正式从父习画，在长大之后，先是去了日本留学，后又再北洋政府的资助下，到法国学习。回国之后，徐悲鸿开始从事美术教育事业，并且将自己的所学毫无保留地传授给自己的学生，他先后在国立中央大学艺术系、北平大学艺术学院和北平艺专等地方任教，在新中国成立之后，担任了中央美术学院院长。

希尔顿

希尔顿，是现如今美国旅馆业的巨头，人称“旅店帝王”。由他创建的“希尔顿酒店”已经遍布全球数十个国家，资产发展为数十亿美元，甚至是曾经一度控制美国经济的十大财阀之一。

1919 年，美国希尔顿饭店创立，在此之后的 90 年之中，希尔顿将一家饭店扩展到 100 多家，遍布世界五大洲的各大城市，成为全球最大规模的饭店之一，1988 年，希尔顿饭店首次登陆中国，第一家希尔顿酒店在上海开始营业。

比尔·盖茨

比尔·盖茨，全名威廉·亨利·盖茨，美国微软公司的创始人、前任董事长。在《福布斯》全球亿万富翁排行榜中，比尔·盖茨曾经连续十多年蝉联世界首富。他和妻子梅琳达一直致力于公益慈善事业。

这是一个全世界人民都熟知的精英人物，他出生在美国西海岸西雅图的一个富足家庭，从小就展现过人的天分——在 13 岁的时候就能够开始电脑程序设计；在 17 岁那一年，他卖掉了一个电脑编程作品，买主是他的高中学校，价格是 4200 美元。在此之后，他更是以 SAT（美国大学入学考试）标准化测试中 1590 分（满分 1600）的优异成绩考入哈佛大学，但三年之后，他选择了退学。1975 年，比尔·盖茨与保罗·艾伦创办了微软公司，以研发、制造、授权和提供广泛的电脑软件服务业务为主，最终成为全球最大的电脑软件提供商。2008 年 6 月 27 日，比尔·盖茨宣布正式退休，但仍然是微软公司的灵魂人物，并且担任董事长一职保证公司正常运营。

茅以升

茅以升，字唐臣，是著名的桥梁专家、土木工程学家、工程教育家，是中国科学院院士，美国工程院院士，中央研究院院士。他曾经主持修建了中国人自己设计并建造的第一座先大话大型桥梁——钱塘江大桥，在新中国成立之后，他参与设计了武汉长江大桥，都成为中国铁路桥梁史上的一个里程碑。在此之后，他编写了《中国桥梁史》《中国的古桥和新桥》等著作。1989 年 11 月 12 日，茅以升病逝于北京。

邓世昌

邓世昌，原名永昌，字正卿，清朝末期杰出的爱国将领、民族英雄。邓世昌从小就勤奋好学，后来进入前学堂制造班的驾驶专业，开始学习航海知识。在学成之后，他开始一起登上“建威”号，开始海上远航。由于学业突出，邓世昌从福州船政学堂毕业之后，得到了去英国交流的机会，他利用这个机会学习到了很多西方先进的航海方面的知识。1894 年，终日甲午战争爆发，9 月 17 日，在黄海海战中，邓世昌率领自己的“致远”号与敌军展开殊死搏斗，最终壮烈牺牲，以身殉国，上演了一出壮烈的民族尊严的壮丽凯歌。

陶渊明

陶渊明，字元亮，又名潜，号五柳先生，世称靖节先生。东晋末期南朝宋初期使人、文学家、散文家、辞赋家。曾经在仕途上做过几年官员，但却因此看透了官场之中的尔虞我诈，看透了这些黑暗现象，让他非常失望。最终，他选择过上了隐世生活，并且开始撰写田园生活方面的诗，代表作品《归园田居》《桃花源记》等，流传千古。

华罗庚

华罗庚，世界著名数学家、中国科学院院士，还担任美国国家科学院外籍院士等职务。在数学研究方面，他开拓了中国解析数论、矩阵几何学、典型群、自守函数论与多元复变函数论等多研究课题。因此，华罗庚入选芝加哥科学技术博物馆“当今世界 88 位数学伟人”之一。由于华罗庚在多复变函数论，典型群方面的研究领先西方数学界 10 多年，因此在国际上有名，形成了“典型群中国学派”。除此之外，华罗庚培养出众多优秀的年轻学者，比如著名的数学家陈景润等。

卓别林

查尔斯·斯宾塞·卓别林，20 世纪最著名的英国喜剧电影大师。在他的一生之中，共出演 80 余部喜剧电影。这 80 部电影，是卓别林从一个演员发展成一位伟大的批判现实主义艺术大师的过程，更是卓别林一生的足迹。1972 年，卓别林获得奥斯卡终身成就奖，组委会给他的评语是“在 20 世纪为电影艺术作出不可磨灭的贡献。”

范仲淹

范仲淹，字希文，是北宋时期著名的政治家、思想家、军事家、文学家，世称“范文正公”。在西夏李元昊的叛乱中，范仲淹和韩琦担任陕西经略安抚招讨副使，采取“屯田久守”方针，协助夏竦平定叛乱。在庆历年间，范仲淹提出了政治改革，史称“庆历新政”，他主张“明黜陟、抑侥幸、精贡举”等改革措施，但是由于触犯了封建贵族的利益，最终改革新政被废除，而范仲淹的仕途之路也就此结束。

管仲

管仲，名夷吾，字仲，谥敬，被称为管夷吾、管子、管敬仲，他是中国古代伟大的政治家、思想家、教育家、经济学家，被称之为“圣人之师”和“华夏文明的保护者”。

管仲自幼家境贫寒，父亲在他很小的时候便过世了，在他和鲍叔牙经商失败之后，他先是从军，几经辗转之后，经过鲍叔牙的推荐，成为齐国上卿，并辅佐齐桓公成为春秋时期第一霸主。

心灵修养用语微解

自尊：自尊，字面意思即是尊重自己，也叫作自我尊重。自尊，是人在社会之中的一种必要心理，更是一种社会生存的底线。

自信：自信是指相信自己，相信自己的能力、相信自己的判断、相信自己的选择。在我们的生活里，自信是我们内心深处非常重要的力量来源，它不仅能够带给我们动力，更重要的是，能够增强我们的内心建设。《墨子·亲士》中说："虽杂庸民，终无怨心，彼有自信者也。"陆机《君子行》中写道："近情苦自信，君子防未然。"

持之以恒：成语出自清朝大臣曾国藩的《家训喻纪泽》，上书"尔之短处，在言语欠钝讷，举止欠端重，看书不能深入，而作文不能峥嵘。若能从此三事上下一番苦工，进之以猛，持之以恒，不过一二年，自尔精进而不觉。"持之以恒，是对某一个事物、某一种细节，持续不断地坚持，是对一种事物的执着对待，也是对自我认知的一种具体体现。

真实：字面意思即与事实相符。真实往往分为表面真实和本质真实两种，表面真实是一种浅层意义上的真实，而本质真实则需要更深层次的感受。宋代诗人苏轼曾在《叶涛致远见和二诗复次其韵》之一中写道："那知非真实，造化聊戏尔。"

拒绝诱惑：拒绝就是不同意、不应允，明确的对一件事情、一个人表达自己不愿意的举动。宋朝的罗大经在《鹤林玉露》卷七中写道："故击搏豪强，拒绝宦寺，悉无所畏。"而范仲淹则是在《奏陕西河北攻守等策》中这样运用道："若拒绝其意，则元昊今秋必复大举。"

感恩：即对别人给予的帮助表达自己的感激之情，也是对他人帮助我们的一种内心的回报。

舍得：是对事物的一种取舍，正所谓，有舍才有得。舍得，是一种人生智慧，是一个充满了佛学哲理的生活态度。

谦虚：是指不自满，对于别人的褒奖能够谦虚对待，对于别人提出的建议，无论对错，都能够平静对待的一种心态。谦虚是一种美德，是在人际交往之中非常重要的一种品质。汉朝郑玄写道："今王不以善政启小人之心，则无肯谦虚以礼相卑下，先人后己，用此居处，敛其骄慢之过者。"宋朝苏辙在《龙川别志》卷上写道："上以谦虚为贤，下以傲诞为高。"